新工科人才培养·电气信息类应用型系列规划教材

人工智能及其应用

李媛媛　游晓明　罗　晓　主编

中国铁道出版社有限公司
CHINA RAILWAY PUBLISHING HOUSE CO., LTD.

内 容 简 介

人工智能是研究理解和模拟人类智能、智能行为及其规律的一门学科。本书系统地阐述了人工智能的基本理论、基本技术、研究方法和应用领域等内容，比较全面地反映了国内外人工智能研究领域的最新进展和发展方向，包括智能优化算法及应用研究。本书共6章，主要内容包括：人工智能的定义、起源、分类与发展，人工智能的知识表示方法，确定性推理的主要方法，非经典推理的主要方法，机器学习的各种基本方法，智能算法原理和应用，着重阐述当前领先的群智能算法及应用。

本书适合作为高等院校相关专业本科生和研究生的人工智能课程教材，也可供从事人工智能研究与应用的科技工作者学习参考。

图书在版编目（CIP）数据

人工智能及其应用/李媛媛，游晓明，罗晓主编. —北京：中国铁道出版社有限公司，2020.9（2024.7 重印）
新工科人才培养. 电气信息类应用型系列规划教材
ISBN 978-7-113-27128-2

Ⅰ. ①人… Ⅱ. ①李…②游…③罗… Ⅲ. ①人工智能-高等学校-教材 Ⅳ. ①TP18

中国版本图书馆 CIP 数据核字（2020）第 141920 号

书　　名：人工智能及其应用
作　　者： 李媛媛　游晓明　罗　晓

策　　划： 曹莉群　　**编辑部电话：**（010）63549508
责任编辑： 陆慧萍　徐盼欣
封面设计： 刘　莎
责任校对： 张玉华
责任印制： 樊启鹏

出版发行： 中国铁道出版社有限公司（100054，北京市西城区右安门西街 8 号）
网　　址： https://www.tdpress.com/51eds/
印　　刷： 北京铭成印刷有限公司
版　　次： 2020 年 9 月第 1 版　2024 年 7 月第 3 次印刷
开　　本： 787 mm×1 092 mm 1/16　**印张：** 10.75　**字数：** 243 千
书　　号： ISBN 978-7-113-27128-2
定　　价： 36.00 元

前　言

人工智能是一门前沿和交叉学科，具有多学科综合、高度复杂、渗透力和支撑性强等特点。人工智能的迅速发展将深刻改变人类生活，改变世界。目前，全国许多院校都在纷纷开设人工智能专业方向课程。由于人工智能课程内容艰深、发展迅速，因此开发教材十分不易。本书简明而全面地介绍了人工智能的基础理论、基本技术和应用领域，力求做到取材新颖、通俗易懂。

全书共分6章，第1章讲述人工智能的定义、起源、分类与发展；第2章讲述人工智能的知识表示方法；第3章讲述确定性推理的主要方法；第4章讲述非经典推理的主要方法；第5章讲述机器学习的各种基本方法；第6章讲述智能算法原理和应用，着重阐述当前领先的群智能算法及应用。

本书由李媛媛、游晓明、罗晓主编，具体编写分工如下：第1章由李媛媛编写，第2、6章由游晓明编写，第3、4、5章由罗晓编写。全书由游晓明、李媛媛和罗晓共同完成统稿，并由陈剑雪完成格式调整。

在本书编写过程中，黄正能教授和方志军教授给予了帮助和指导，并得到上海工程技术大学和中国铁道出版社有限公司的帮助和支持，在此深表感谢。

由于编者水平有限，书中难免存在疏漏和不足之处，恳切希望广大读者批评指正。

编者
2020年6月

前言

人工智能是一门[illegible]交叉学科，[illegible]。[illegible]特点。人工智能[illegible]。[illegible]，[illegible]，本书[illegible]，通俗易懂。

全书共分[illegible]章。第1章[illegible]人工智能[illegible]定义、发展[illegible]；第2章[illegible]；第3章[illegible]；第5章[illegible]；第6章[illegible]和应用，[illegible]。

本书由[illegible]编著。[illegible]第3、4、5章[illegible]。[illegible]。

在本书编写过程中，[illegible]工程技术大学[illegible]支持，[illegible]。

由于编者水平有限，书中难免存在[illegible]，恳请读者批评指正。

目录

第1章

绪　论

人工智能（artificial intelligence，AI）自1956年诞生以来，在60多年的发展历程中获得了巨大的进展。在其发展历程中，来自不同学科和不同专业的学者都对人工智能日益重视。迄今，人工智能已经具有一套相对完善的理论基础，并且已经发展成为一门应用极为广泛的交叉学科。随着电子信息科学技术的快速发展，人工智能技术也在与时俱进，不断取得新的进展。

提及“人工智能”，相信人们的脑海中一定会有很多的疑问：人工智能的定义是什么？人工智能到底在研究什么？人工智能到底智能在什么地方？人工智能的研究以什么为基础？人工智能的应用领域主要在哪些方面？等等。这些问题都需要研究人工智能的学者不断地进行探索和突破。下面将针对这一系列问题逐一展开讨论。

本章主要从人工智能的定义出发，着重介绍人工智能几十年来的发展概况、与人工智能相关的学派与各学派学者对人工智能发展的不同观点，以及人工智能的研究现状和应用领域发展状况。

1.1　人工智能的起源与发展

人工智能，顾名思义，就是用人工来实现智能化。由于每个人对人工智能的理解不同，因此对于人工智能的定义也不相同。John McCarthy认为，人工智能就是让机器在行为上看起来与人无异。Nilsson认为，人工智能就是人造物的智能行为。在此过程中，主要包括信息提取、知识推理、自动学习和主动交流等行为。A. Barr认为，人工智能属于计算机科学的一个分支，该学科的研究重点在于设计一个智能的计算机系统。将以上观点与人类在自然环境中的智能行为相对比，各种观点均呈现出类似的特征，这就得出了人工智能的共同特点，即人工智能就是用人工实现机器模拟人类智能活动。

1956 年在美国达特茅斯大学（Dartmouth University）召开的一次学术会议上，人工智能第一次作为一门正式的学科出现在历史舞台。随着人工智能的兴起，世界各地相关学者也都相继加入到人工智能研究的行列。截至目前，人工智能的发展可以概括为三个主要阶段：第一阶段为孕育阶段（1956 年之前）；第二阶段为形成阶段（1956—1969 年）；第三阶段为发展阶段（1970 年至今）。

1.1.1 孕育阶段

早在原始社会，人类就根据当时的条件尝试制造出工具来代替人的劳动，但是对于智能的追求，还是经历了很长的一段时间。在人工智能萌芽时期，有众多学者发表重要的学术成果：早在 1936 年，英国数学家图灵提出了理想型的数学模型，这一模型的提出为计算机诞生奠定了基础；1942 年，法国数学家 Blaise Pascal 发明了第一台机械计算器，标志着世界进入计算机械的时代；1943 年，美国著名神经生理学家 W. McCulloch 和 W. Pitts 提出了第一个神经网络模型，即 MP 模型，这一发现标志着神经网络的正式诞生；1950 年，图灵发表了《计算机器与智能》（*Computing Machinery and Intelligence*），这些成果为人工智能的发展奠定了坚实的基础。

1.1.2 形成阶段

1956 年，J. McCarthy、M. L. Minsky、N. Lochester 等人在美国召开了一次学术研讨会，正式提出使用“人工智能”一词，这标志着人们正式进入了人工智能的研究工作。1959 年，Selfridge 推出了一个模式识别程序；1960 年，McCarthy 提出了人工智能语言 LISP；1965 年，Roberts 编制了可分辨积木构造的程序。在短短的十几年时间里，人工智能的体系初步形成，并且取得了很多研究成果，这充分体现了人工智能正在蓬勃发展。然而，人工智能的发展也引起了一系列问题。在 1958 年时，就有人预测：十年内，计算机将成为世界象棋冠军，计算机将发现数学定理，计算机将能够实现大多数的心理学理论等。实际上这些预言直到 19 世纪 90 年代才被实现。由此可以看出，计算机人工智能的实现还需要很长一段时间。

1.1.3 发展阶段

20 世纪 70 年代初，关于人工智能的研究工作逐渐在世界各地开展：1970 年，国际人工智能国际期刊《人工智能》创刊；1972 年，A. Comerauer 提出逻辑程序设计语言 PROLOG；同年，Stanford 大学的 E. H. Shortliffe 等人开始开发用于诊断和治疗感染性疾病的专家系统 MYCIN；1974 年，欧洲人工智能会议（European Conference on Artificial Intelligence，ECAI）正式召开；1978 年，我国开始加入人工智能研究的行列，主要研究定理证明、机器人及专家系统等领域。我国先后成立了人工智能学会、中国计算机学会、人工智能和模式识别专业委员会、中国自动化学会模式识别与机器智能专业委员会等学术团体。

20 世纪 60 年代以后，由于计算机的快速发展，人工智能的发展取得了巨大的进步，吸引了大量的研究学者投入到计算机的研究中。与此同时，相关研究者也发现神经网络具有很大的局限性。1969 年，Minsky 和 Papert 在 *Perceptron* 中批评感知机无法解决非线性问题，而复杂的信息处理应该以解决非线性问题为主。Minsky 的批评导致美国政府停止了对人工神经网络研究的资助；1973 年，英国数学家 James Lighthill 认为“人工智能的研究即使不是骗局，也是庸人自扰”，这一观点的提出使得英国政府停止了对人工智能研究的资助。20 世纪 70 年代，人工神经网络的研究几乎进入停滞阶段。20 世纪 80 年代，Bryson 和 Ho 提出的反向传播算法成为神经网络复兴的转折点。从 1985 年开始，人工神经网络的研究才逐渐恢复。1987 年，第一届神经网络国际会议在美国召开，并成立了国际神经网络学会（INNS）。20 世纪 90 年代，随着计算机通信技术的快速发展，对于智能主体的研究成为人工智能研究领域的一个热点。1995 年，国际人工智能联合会议（IJCAI’ 95）报告中指出：“智能的计算机主体既是人工智能最初的目标，也是人工智能最终的目标。”

我国对人工智能的研究起步较晚。1978 年，我国首次将智能模拟纳入国家计划的研究行列。1984 年，我国召开了智能计算机及其系统的全国学术会议。1986 年，开始把智能机端及系统、智能机器人和智能信息处理等重大项目纳入国家高新技术研究 863 计划。1997 年起，又把智能信息处理、智能控制等项目纳入国家重大基础研究 973 计划。进入 21 世纪以后，《国家中长期科学和技术发展规划纲要（2006—2020 年）》中指出，“脑科学和认知科学”已被列入八大前沿学科。人工智能的研究方向必将走向高性能、低成本、智能化和人性化，寻找新的计算方法与处理方式和实现方法仍然是我国乃至整个世界人工智能领域所面临的重大挑战。

简而言之，人工智能的发展道路历经坎坷。现在，人工智能已经走上了稳健的发展道路。人工智能的理论和基础研究取得了前所未有的进步，随着计算机网络技术和信息技术的发展，人类社会已经进入信息时代。这既对人工智能的发展奠定了坚实的基础，也给人工智能的发展道路指明了方向。

1.2　人工智能的研究目标和内容

1.2.1　人工智能的研究目标

人工智能是集计算机科学、控制科学、信息科学、认知科学、神经科学、语言学等多种学科交叉的一门前沿学科。就其本质来讲，人工智能就是研究如何制造出智能机器或者智能系统，来模拟人类的智能活动，从而扩展人类智能的科学。

计算机主要模拟人类的视觉、听觉和触觉等智能活动，以及人工输入等各种外界的信息输入；然后通过模拟人脑的信息处理过程，将感性转化为理性，也就是通过机器学习的方法，对获得的信息进行分析判断和推理；最终通过外围设备输出。不管从什么角度来研究人工智能，都是通过计算机来实现的，因此可以说，人工智能的中心目标是要搞清楚实现人工智能的有关原理，使计算机有智慧、更聪明、更有效。其实，在人工智能的定义中就已经明确指出了人工智能研究的最终目标，即建造出具有人的思维和行为的计算机系统。对于这个目标可以有两种理解，其中一种理解是认为人工智能就是制造出真正能认识、推理和解决问题的具有人类思维的机器，具有这些能力的机器被看作是有独立思维的、有自我意识的；另一种理解是非人类的人工智能，即机器的知觉和意识与人不同，学习的推理方式也不相同。近年来，各个学科领域的学者对于人工智能的研究都有一致的目标，就是让现有的智能机器更加智能。这里所说的智能不仅限于一般的数值计算，还能够运用获取的知识和信息，模拟人类的智能活动，使其具有独立的类似于人类的能力。

1.2.2 人工智能研究的基本内容

人工智能结合了自然科学和社会科学的最新成果，形成了以智能为核心、具有自我意识的新的体系。人工智能的研究主要应用在知识表示模式、智能搜索技术、求解数据和知识不确定问题的各种研究方法。人工智能也可以看作是在控制论、信息论的基础上发展起来的学科，哲学、心理学、计算机科学、数学等学科都为人工智能的研究提供了丰富的知识和理论基础。

人工智能应用的过程就是一个获得知识并将之应用于实践的过程，知识是实现人工智能的基础。人们只有在实践中才能认识到事物发展的客观规律性，经过加工、解释、挑选和改造而形成知识。人工智能既然是为了学习人的思维模式，就要使机器具有适当的获取和运用知识的能力。因此，人工智能知识表示问题是人工智能研究过程中非常重要的内容。

从一个或几个已知的信息中推理出一个新的思维的过程称为推理，这是客观事物在意识中的反应。实际上，自动推理的过程就是对获取的知识进行处理的过程。自动推理也是人工智能研究过程中的核心问题之一。按照推理的途径来划分，推理可以分为演绎推理、归纳推理、反绎推理。演绎推理是从一般到特殊的推理过程。演绎推理是人工智能中的一种非常重要的推理方式，在目前人工智能的研究中，大多采用演绎推理。反绎推理是由结果反推原因的过程。归纳推理是机器学习和知识发现的重要基础，也是人类思维活动中最基本、最常用的一种推理形式。1978 年，R. Reiter 首先提出了非单调推理方法封闭世界假设（CWA），并提出默认推理。1979 年，Doyle 建立了真值维护系统 TMS。

人工智能的学习，也就是常说的机器学习。它的主要研究方向是研究计算机如何模拟和实现人类的学习行为，在学习的过程中，获取新的知识，不断完善自身的性能。只有让人工智能系统学会类似人的学习能力，才能够实现人的智能行为。机器学习是人工智能研究的核心问题之一，也是当前最为热门的研究领域之一。常见的机器学习方法主要有归纳学习、类比学习、分析学习、加强学习、遗传算法学习、神经网络学习等。关于机器学习的研究工作还需要各学科的研究者共同努力，只有先在机器学习的领域取得更大的成果，人工智能的研究才会更加顺利。目前机器学习的方法主要有以下三个方面：首先，面向任务的研究，研究和分析改进一组预期任务的执行性能的学习系统；其次，建立适当的数学模型，研究人类的学习过程并进行计算机模拟；最后，进行理论分析，从理论上探索各种可能的学习方法和独立于应用领域的算法。

1.3 人工智能研究的主要途径

1.3.1 人工智能研究的特点

虽然人工智能涉及众多学科，从这些学科中借鉴了大量的知识和理论，并且在很多领域取得了广泛的应用，但是，人工智能还是一门尚未成熟的学科，与人们的期望还有巨大的差距。从长远来看，人工智能的突破将会依赖于分布式计算和并行计算，并且需要一种全新的计算机体系结构，如光子计算、量子计算等。从目前的条件来看，人工智能还主要依靠智能算法来提高现有的计算机智能化程度。人工智能系统和传统的计算机软件系统相比有很多特点。

首先，人工智能系统与传统软件的研究对象不同，它主要将知识作为主要的研究对象。虽然机器学习或者模式识别算法也处理大量数值，但是它们的最终目标是在处理大量数据的过程中发现数据中的知识，并且获取其中的知识。知识是一切智能系统的基础，任何智能系统的活动过程都是一个获取知识或者运用知识的过程。其次，人工智能系统大多采用启发式方法来处理问题。用启发式来指导问题求解过程，可以提高问题求解效率，但是往往不能保证结果的最优性，一般只能保证结果的有效性和可用性。再次，人工智能系统一般都允许出现不正确结果。因为智能系统大多都是处理非良性结构问题，或者时空资源受到较强的约束，或者知识不完全，或者数据包含较多的不确定性等，在这些条件下，智能系统有可能会给出不正确的结果。因此，在人工智能研究中一般用准确率或者误差等来衡量结果质量，而不要求结果一定是准确的。

1.3.2 研究人工智能的方法

在人工智能的研究过程中，人们对智能本质的理解和认知不同，因此研究人工智能使用的方法也不相同。不同的研究方法代表着不同的学术观，研究方法的不同，形成了不同的研究学派。目前的主要研究学派有符号主义、连接主义和行为主义。符号主义方法以物理符号系统假设和有限合理性原理为基础；连接主义方法以人工神经网络为核心；行为主义方法侧重研究感知个体行动的反应机制。

1. 符号主义

符号主义学派的观点认为，智能活动的基础是物理符号系统，思维的过程就是符号模式的处理过程。纽威尔和西蒙在1976年的美国计算机学会（ACM）图灵奖的演讲中，对物理符号系统假设进行了总结：物理符号系统具有必要且足够的方法来实现普通的智能行为。他们把智能问题归结为符号系统的计算问题，把一切精神活动归结为计算。因此，人类的认识过程就是已知符号处理的过程，思维就是符号的计算。

人工智能的行为可以看作是与人类活动相同的机器行为。在物理学中，系统将展示适合于其目的的行为，并适应于它所在的环境要求。在符号主义观点看来，人工智能以知识为核心，认知就是处理符号，推理就是从用启发式知识及启发式搜索对问题求解的过程。符号主义主张用逻辑的方法来建立人工智能的统一理论体系。但是，不确定事物的表示和处理问题仍然是符号主义观点需要解决的巨大难题。

符号主义人工智能研究在自动推理、定理证明、语言处理、知识工程等方面取得了显著的成果。符号主义从功能上对人脑进行模拟，也就是根据人脑的活动建构模型，将需要研究的问题转换成逻辑表达，从而实现机器智能。基于功能模拟的符号推理是人工智能研究的常用方法。基于这种研究途径的人工智能往往被称为“传统的人工智能”或者“经典的人工智能”。

2. 连接主义

连接主义是基于神经网络及网络间的连接机制和学习算法的人工智能学派。简而言之，连接主义就是使用神经网络来研究人工智能。1943 年，W. S. McCulloch 和 W. Pitts 提出一种神经元的数学模型，并由此组成了一种前馈神经网络。MP 网络模型的建立，为人工智能的研究开辟了一条新的研究途径，该模型在图像处理、模式识别、机器学习等方面都体现出了独特的优势。

在连接主义的观点看来，大脑是一切智能活动的基础，因而应从大脑神经元及其连接机制出发进行研究，弄清大脑的结构及其进行信息处理的过程和机理。该方法的主要特征表现在：以分布式的方式存储信息、以并行方式处理信息，具有自组织、自学习能力，适合于模拟人的形象思维，可以以较快的速度得到一个近似解。也正是由于连接主义的这些特点，使得神经网络为人们在利用机器加工处理信息方面提供了一个全新的方法和途径。然而，这种方法不适合模拟人们的逻辑思维过程，并且人们发现，已有的模型和算法存在一定的问题，理论上的研究也有一些难点。所以，单靠连接学习机制来实现人工智能是不可能的。

3. 行为主义

行为主义学派认为智能行为是基于“感知-行动”的一种人工智能学派，1991 年，R. A. Brooks 提出无须知识表示和推理的智能方式。他认为智能只是在与环境交互作用中体现出来，不应采用集中式的模式，而是需要具有不同的行为模块和环境交互，以此来产生复杂的行为。

行为主义的基本观点如下：

（1）知识的形式化表达和模型化方法是妨碍人工智能发展的重要因素之一。

（2）智能取决于感知和行动，应直接利用机器对环境作用，以环境对作用的响应为原型。

（3）智能行为只能体现在与外部环境的交互中，通过与周围环境交互而表现出来。

（4）人工智能可以像人类一样进化，分阶段发展和增强。

任何一种表达形式都不能完善地代表客观世界中的真实概念，所以用符号串表达人工智能的过程是不合适的。行为主义思想一提出后就引起了人们的广泛关注，有人认为布鲁克斯的机器虫在行为上模仿人的行为不能看作是人工智能，通过绕过机器人的过程，从机器直接进化到人的层面的智能是不可能实现的。尽管如此，行为主义学派的发展依然将进一步影响人工智能的发展。

以上三种研究方法从不同的方面研究了人工智能，与人脑的思维模型有着密不可分的关系。每种思想都从一种角度阐释了智能的特性，同时每种思想都具有各自的局限性。目前，众多的研究者仍然对人工智能的研究理论基础持不同的意见，所以，人工智能没有一个统一的思路体系，但是，这恰恰促进了各个学科的学者从不同的角度研究人工智能，涌现了大量的、新颖的思维模式和研究方法，从而极大地丰富了人工智能的研究。

1.4 人工智能的研究与应用领域

迄今，几乎所有的学科与技术的分支都在享受着人工智能带来的福利，因此，人工智能涉及的研究和应用领域非常广泛，本章只列举一些常见的研究方向。

1.4.1 自动定理证明

自动定理证明（automatic theorem proving）是研究如何把人类证明定理的过程演变在机器上自动实现符号演算的过程。简言之，就是让计算机模拟人类证明的方法，不依靠人类的证明，自动实现类似于人类证明的方法的过程。自动定理证明是人工智能最早进行研究的领域之一。定理证明的研究有许多工作要做，包括总结搜索算法以及开发正式的表示语言。自动定理证明的魅力主要源于它具有严谨性和广泛性。这种系统可以处理非常广泛的问题，只要可以把问题描述和背景信息用逻辑推理出来，就可以用自动定理证明该问题。这也是自动定理证明和数学推理逻辑的基础。

任何复杂的逻辑系统都不能产生无限数量的可证明定理，再加上缺少关键的技术来引导搜索，自动定理证明的程序需要证明数量非常庞大的无关定理。众多学者认为纯粹依据句法的引导搜索方法在处理如此庞大数据时具有很大的欠缺，唯一可以使用的方法就是人类在求解问题时使用的非正式策略。这也是研究专家系统的学者的基本思想，而且已被证明是有效的。

1.4.2 博弈

博弈就是研究人类智能活动中的决策和斗智的问题。例如，下棋、考试和比赛等。博弈是人类社会中一种常见的现象。博弈的双方可以是个人、群体，也可以是一个群落。博弈问题为人工智能的发展提高了重要的研究依据，它可以对人工智能技术进行验证，以此促进人工智能的快速发展。

人工智能中的搜索系统一般由全局数据库、算子集和控制策略三部分组成。全局数据库包括与具体任务有关的信息，用来反映问题的当前状态、约束条件及预期目标。算子集，也称操作规则集，用来对数据库进行操作计算。数据库中的知识是叙述性知识，而操作规则是过程性知识。算子一般由条件和动作两部分组成。控制策略用来决定下一步选用哪一个算子并在何处应用。状态空间搜索是博弈的基础，博弈的过程可能会产生巨大的搜索空间。要搜索这些庞大的空间，需要使用先进的技术来判断是否处于备择状态，探索问题空间。这些技术称为启发式搜索，而且会成为AI研究中的一个重要研究方向。

1.4.3 专家系统

专家系统（expert system）是人工智能领域中的一个重要分支，它是目前人工智能中最活跃、应用最成功的一个领域。专家系统是一种基于知识的系统，它从专家那里获得知识，将这些知识编到程序中，根据人工智能问题求解技术，模拟人类专家求解问题时的求解过程并求解需要解决的各种问题，解决问题的能力可以和专家相媲美。

专家系统把知识与系统中的其他部分分离开来，着重强调知识而疏于方法。因此，在专家系统中必须包含大量的知识，进而拥有类似于人的思维推导的能力，并能够用这些能力解决人工智能中遇到的各种问题。专家系统主要由知识库、推理机、综合数据库、解释器组成。知识库可以理解为是用来存放已获取知识的地方。知识库是衡量专家系统的质量好坏的一个关键因素，即知识库中知识的质量和数量决定着专家系统的质量水平。推理机可以通过已经获取的知识，遵循知识库中的规则，从而产生新的结论，以得到问题的求解结果。综合数据库是专门用于存储专家系统在推理过程中所需的各阶段的数据，如原始数据、中间结果和最终结论等。综合数据库可以理解为一个暂时的存储区。解释器能够根据用户的提问，对专家系统中各阶段做出说明，从而使专家系统更有可用性。人机界面是系统与用户进行交流的界面。通过该界面，用户可输入基本信息、对系统提出的问题做出回应，并输出推理结果和相关解释等。

专家系统的工作流程为：用户通过人机界面向系统提交求解问题和已知条件。推理机根据用户的输入信息和已知条件与结论对知识库中的规则进行匹配，并按照推理模式把生成的中间结论存放在综合数据库中。如果系统得到了最终的结论，则推理结束，并将结果输出给用户。如果在现有的条件下系统无法进行推理，则会要求用户提交新的已知条件或者直接宣告推理失败。最后，系统可根据用户要求对推理进行解释。但是在专家系统中还存在一些不足。例如，知识获取依赖知识工程师，需要大量人工处理；面对巨大的信息量时，如何有效、自主地获取知识是专家系统中的又一瓶颈问题；不确定知识和常识性知识的表示方法、规则、框架的统一性也是一大难题。

1.4.4 机器视觉

机器视觉（machine vision）也称计算机视觉，它的主要研究方向是使用机器实现或模拟人类的视觉行为。其主要研究目标是使计算机具有通过二维图像认知三维环境信息的能力，这种能力不仅包括对三维环境中物体形状、位置姿态和运动等几何信息的感知，而且包括对这些信息的描述、存储、识别和理解。

20世纪60年代就已经开始了机器视觉的研究。到80年代，随着计算机硬件的大幅提升，机器视觉研究领域取得突破性的进展。目前，机器视觉已经从模式识别的一个研究领域发展成为一门独立的学科。一般机器视觉可分为低层视觉和高层视觉。低层视觉主要执行预处理功能，其目的是凸显被测对象，去除背景和其他因素的干扰，以获取有效特征，提高系统准确率和执行效率。高层视觉则主要是理解所观察的形象，需要掌握与观察对象所关联的知识。机器视觉已经在军事装备、卫星图像处理、工业生产监控、景物识别和目标检测等很多领域获得了应用。

1.4.5 人工神经网络

人工神经网络简称神经网络，究其本质而言，就是以连接主义为研究方法，以人脑的神经网络为基础，将人脑的某些机理、机制抽象化，并进行模拟实现。Hecht Nielsen 对人工神经网络的定义是："人工神经网络是由人工建立的以有向图为拓扑结构的动态系统，它通过对连续或断续的输入状态响应而进行信息处理。"神经网络是研究人工智能的重要研究方法。神经网络可以不依赖于数字计算机模拟，可以用独立电路实现。此外，神经网络可以任意逼近任何复杂的非线性关系。这从理论上保证了神经网络具有超强的计算能力。神经网络具有良好的自适应学习的能力。它的信息都分布存储于神经网络内的各神经元，个别神经元的失效不会对整个神经系统产生致命的影响，由此大大增加了神经网络系统的容错能力。目前，人工神经网络研究主要应用于以下几个方面：利用神经网络认知科学研究人类思维以及智能机理；在神经网络研究成果的基础上，用数学方法进行深度优化模型，开发新的网络模型理论；将神经网络应用于模式识别、信号处理、机器控制和数据处理等领域。

人工神经网络研究一方面向其自身综合性发展，另一方面与其他领域的结合也越来越密切，以便发展出性能更强的结构，更好地综合各种神经网络的特色，增强神经网络解决问题的能力。

小　结

本章首先讨论了什么是人工智能，以及各学科学者对人工智能的不同观点。简单来说，人工智能是研究可以理性地进行思考和执行动作的计算模型的学科，它是人类智能在计算机上的模拟。尽管人们对人工智能的争论还有很多，人工智能距离其终极目标也还相当遥远，但是，人工智能已经走上了稳健的发展道路，随着人工智能的研究越来越深入，人工智能的应用也越来越广泛。

不同学科的研究学者使用不同的人工智能研究方法。符号主义以物理为基础，以知识为核心，从功能上模拟人脑，易于实现逻辑思维；连接主义以人工神经网络为基础，从结构上是模拟人脑，具有分布式并行处理的优点，易于实现形象思维；行为主义基于控制论，从行为上模拟智能，易于实现感知思维。这三种方法的优势集成或者综合到一个大的系统中，从而实现智能化，这已经成为人工智能研究的一个趋势。

人工智能是一门综合性很强的学科，其研究和应用领域十分广泛，包括自动定理证明、博弈、专家系统、机器视觉、人工神经网络、模式识别、机器学习、自然语言处理、智能控制、机器人学和人工生命等。

思考与练习

1. 什么是人工智能？
2. 人工智能有哪些学派？各自的观点是什么？
3. 人工智能研究的特点是什么？
4. 目前人工智能的发展领域主要在哪些方面？
5. 人工智能主要的研究方向是什么？

第 2 章

知识表示方法

知识表示（knowledge representation，KR）是指把知识客体中的知识因子与知识关联起来，便于人们识别和理解知识。知识表示是知识组织的前提和基础，任何知识组织方法都要建立在知识表示的基础之上。知识表示有主观知识表示和客观知识表示两种。它是认知科学和人工智能两个领域共同存在的问题。在认知科学里，它关系到人类如何存储和处理资料。在人工智能里，其主要目标为存储知识、让程式能够处理，达到人类的智慧，即研究用机器表示知识的可行性、有效性的一般方法，是一种数据结构与控制结构的统一体，既考虑知识的存储又考虑知识的使用。知识表示可看成是一组描述事物的约定，以把人类知识表示成机器能处理的数据结构。

知识表示也可以定义为对知识的一种描述，或者说是对知识的一组约定，一种计算机可以接受的用于描述知识的数据结构。某种意义上讲，表示可视为数据结构及其处理机制的综合：表示＝数据结构＋处理机制。因此，在 ES 中知识表示是能够完成对专家的知识进行计算机处理的一系列技术手段。常见的有产生式规则、语义网络、框架法等。

知识是信息接收者通过对信息的提炼和推理而获得的正确结论，是人对自然世界、人类社会以及思维方式与运动规律的认识与掌握，是人的大脑通过思维重新组合、系统化的信息集合。在 KR 中，知识的含义与一般所认知的含义是有所区别的，它是指以某种结构化方式表示的概念、事件和过程，因此在 KR 中，并不是日常生活中的所有知识都能够得以体现，而是只有限定了范围和结构、经过编码改造的知识才能成为 KR 中的知识。在 KR 中的知识一般有如下几类：

（1）有关现实世界中所关心对象的概念，即用来描述现实世界所抽象总结出的概念。

（2）有关现实世界中发生的事件、所关心对象的行为、状态等内容，也就是说，不仅有静态的概念，还有动态的信息。

(3) 关于过程的知识，不仅有当前状态和行为的描述，还要有对其发展的变化及其相关条件、因果关系等描述的知识。

(4) 元知识，即关于知识的知识，是知识库中的高层知识。

2.1 状态空间表示

问题求解（problem solving）是个大课题，它涉及归约、推断、决策、规划、常识推理、定理证明、相关过程等核心概念。在分析人工智能研究中运用的问题求解方法之后，就会发现很多问题的求解方法是采用试探搜索方法的。也就是说，这些方法是通过在某个可能的解空间内寻找一个解来求解问题的。这种基于解答空间的问题表示和求解方法就是状态空间法，它是以状态和算符为基础来表示和求解问题的。

现实世界中的问题求解过程实际上可以看作是一个搜索或者推理的过程。推理过程实际上也是一个搜索过程，它要在知识库中搜索和前提条件相匹配的规则，然后利用这些规则进行推理，所以任何问题求解的本质都是一个搜索过程。状态空间表示法就是以“状态空间”的形式对问题进行表示，主要包含以下几个要素：

(1) 状态：状态是描述问题求解过程中不同时刻状况的数据结构。

(2) 算符：引起状态中某些分量发生变化，从而使问题由一个状态变为另一个状态的操作称为算符。

(3) 状态空间：表示一个问题的全部状态以及一切可用算符构成的集合称为该问题的状态空间。

(4) 问题的解：从问题的初始状态集出发，经过一系列的算符运算，达到目标状态。从初始状态到目标状态所有算符的序列就构成了问题的一个解。

用状态空间方法表示知识或问题时，所需的步骤如下：

(1) 定义状态的描述形式。

(2) 用所定义的状态描述形式，把问题的所有可能的状态都表示出来，并确定出问题的初始状态集合描述和目标状态集合描述。

(3) 定义一组算符，使得利用这组算符可把问题由一种状态转变为另一种状态。

状态空间表示法中，问题的求解过程是一个不断把算符作用于状态的过程，主要包含以下几个步骤：

(1) 将适用的算符作用于初始状态，以产生新的状态。

(2) 把一些适用的算符作用于新的状态，这样继续下去，直到产生的状态为目标状态为止。

(3) 最终会得到一个问题的解，这个解是从初始状态到目标状态所用算符构成的序列。

2.1.1 问题状态描述

1. 状态的基本概念

状态（state）是为了描述某类不同事物间的差别而引入的一组最少变量 $q_0, q_1, \cdots, q_n$ 的有序集合，其矢量形式如式(2-1) 所示：

$$Q=[q_0,q_1,\cdots,q_n]^{\mathrm{T}} \tag{2-1}$$

式中，每个元素 q_i ($i=0,1,\cdots,n$) 为集合的分量，称为状态变量。给定每个分量一组值就得到一个具体的状态，如式(2-2) 所示：

$$Q_k=[q_{0k},q_{1k},\cdots,q_{nk}]^{\mathrm{T}} \tag{2-2}$$

使问题从一种状态变化为另一种状态的手段称为操作符或算符。操作符可为走步、过程、规则、数学算子、运算符号或逻辑符号等。

问题的状态空间（state space）是一个表示该问题全部可能状态及其关系的图，它包含 3 种说明的集合，即所有可能的问题的初始状态集合 S、操作符集合 F 以及目标状态集合 G。因此，可把状态空间记为三元状态 (S,F,G)。

2. 状态空间的表示法

对一个问题的状态描述，必须确定 3 件事：

(1) 该状态描述方式，特别是初始状态描述。

(2) 操作符集合及其对状态描述的作用。

(3) 目标状态描述的特性。

2.1.2 状态图示法

图论中几个常用的术语：

节点（node)：图形上的汇合点，用来表示状态和时间关系的汇合，也可以用来指示通路的汇合。

弧线（arc)：节点间的连接线。

有向图（directed graph)：一对节点用弧线连接起来，从一个节点指向另外一个节点。

后继节点（descendant node）与父辈节点（parent node)：如果某条弧线从节点 n_i 指向节点 n_j，那么节点 n_j 就称为节点 i 的后继节点，而节点 i 称为节点 j 的父辈节点或祖先。

路径：某个节点序列 ($n_{i1},n_{i2},\cdots,n_{ik}$) 当 $j=2,3,\cdots,k$ 时，如果对于每一个 $n_{i,j-1}$ 都有一个后继节点 n_{ij} 存在，那么就把这个节点序列称为从节点 n_{i1} 至节点 n_{ik} 的长度为 k 的路径。

代价（cost）是给各弧线指定数值以表示加在相应算符上的代价。如果从节点 i 至节点 j 存在一条路径，那么就称节点 j 是从节点 i 可达到的节点。两节点间路径的代价等于连接路径上各节点的所有弧线代价之和。最小者称为最小代价路径。

图的显式和隐式表示：

显式表示：各节点及其具有代价的弧线由一张表明确给出。此表可能列出该图中的每一节点、它的后继节点以及连接弧线的代价。

隐式表示：节点的无限集合 $\{s_i\}$ 作为起始节点是已知的。后继节点算符 Γ 也是已知的，它能作用于任一节点以产生该节点的全部后继节点和各连接弧线的代价。

一个图可由显式说明也可由隐式说明。显然，显式说明对于大型的图是不切实际的，而对于具有无限节点集合的图则是不可能的。

此外，引入后继节点算符的概念是方便的。后继节点算符 Γ 也是已知的，它能作用于任一节点以产生该节点的全部后继节点和各连接弧线的代价（用状态空间术语来说，后继算符是由适用于已知状态描述的算符集合所确定的）。把后继算符应用于 $\{s_i\}$ 的成员和它们的后继节点以及这些后继节点的后继节点，如此无限制地进行下去，最后使得由 Γ 和 $\{s_i\}$ 所规定的隐式图变为显示图。把后继算符应用于节点的过程，就是扩展一个节点的过程。

状态空间表示举例：

1. 产生式系统

一个产生式系统由下列 3 个部分组成：

（1）一个总数据库（global database），它含有与具体任务有关的信息。

（2）一套规则，它对数据库进行操作运算。每条规则由左右两部分组成，左部鉴别规则的适用性或先决条件，右部描述规则应用时所完成的动作。应用规则来改变数据库。

（3）一个控制策略，它确定应该采用哪一条适用规则，而且当数据库的终止条件满足时，就停止计算。

2. 状态空间表示举例

图 2-1 所示为猴子与香蕉问题的状态空间。图中，a、b、c 分别表示猴子、箱子、香蕉的水平位置。

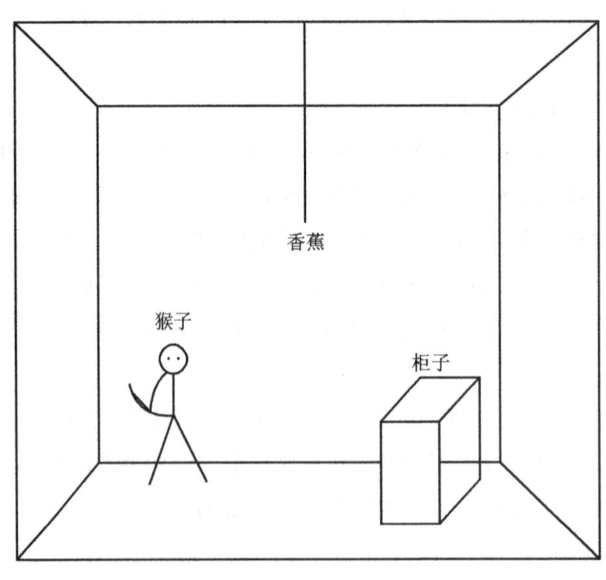

图 2-1　猴子与香蕉问题

状态空间用四元组 (W,x,y,z) 表示，其中：

W——猴子的水平位置；

x——当猴子在箱子顶上时取 $x=1$；否则取 $x=0$；

y——箱子的水平位置；

z——当猴子摘到香蕉时取 $z=1$；否则取 $z=0$。

初始状态是 $(a,0,b,0)$，目标状态是 $(c,1,c,1)$。

操作符：

（1）猴子在当前位置 W 走到水平位置 U：

goto(U)：

$(W,0,y,z)>(U,0,y,z)$

注：猴子必须不在箱子上。

（2）猴子将箱子从 W 位置推到水平位置 V：

pushbox(V)：

$(W,0,W,z)>(V,0,V,z)$

注：猴子与箱子必须在同一位置。

（3）猴子爬到箱子上：

climbbox：

$(W,0,W,z)>(W,1,W,z)$

（4）猴子摘到香蕉：

grasp：

$(c,1,c,0)>(c,1,c,1)$

求解过程：令初始状态为 $(a,0,b,0)$。这时，goto(U) 是唯一适用的操作，并导致下一状态 $(U,0,b,0)$。现在有 3 个适用的操作，即 goto(U)、pushbox(V) 和 climbbox（若 $U=b$）。把所有适用的操作继续应用于每个状态，就能够得到状态空间图，如图 2－2 所示，

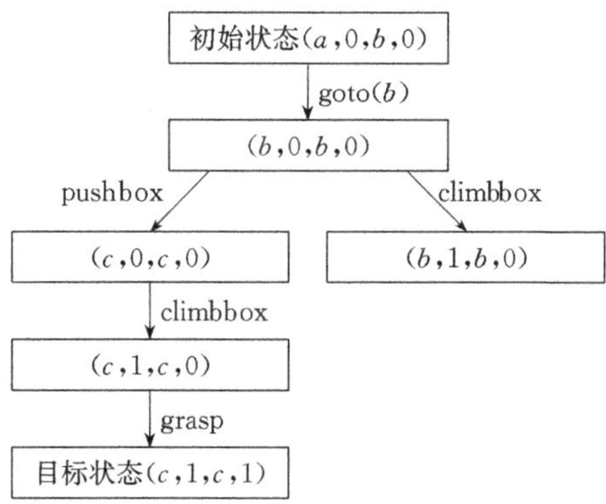

图 2－2　状态空间图

从图 2－2 不难看出，把该初始状态变换为目标状态的操作序列为：

$$\{\text{goto}(b),\text{pushbox}(c),\text{climbbox},\text{grasp}\}$$

2.2 问题归约表示

问题归约（problem reduction）是另一种问题描述与求解的方法。

（1）先把问题分解为子问题和子-子问题，然后解决较小的问题。

（2）对该问题某个具体子集的解答就意味着对原始问题的一个解答。

2.2.1 问题归约描述

1. 问题归约法的概念

已知问题的描述，通过一系列变换把此问题最终变为一个子问题集合，这些子问题的解可以直接得到，从而解决了初始问题。

该方法也就是从目标（要解决的问题）出发逆向推理，建立子问题以及子问题的子问题，直至最后把初始问题归约为一个平凡的本原问题集合。这就是问题归约的实质。

2. 问题归约法的组成部分

（1）一个初始问题描述。

（2）一套把问题变换为子问题的操作符。

（3）一个本原问题描述。

3. 示例——梵塔问题

有 3 个柱子（1、2、3）和 3 个不同尺寸的圆盘（A、B、C）。每个圆盘的中心有个孔，所以圆盘可以堆叠在柱子上。最初，全部 3 个圆盘都堆在柱子 1 上：最大的圆盘 C 在底部，最小的圆盘 A 在顶部。要求把所有圆盘都移到柱子 3 上，每次只许移动一个，而且只能先搬动柱子顶部的圆盘，且不允许把尺寸较大的圆盘堆放在尺寸较小的圆盘上。这个问题的初始配置和目标配置如图 2-3(a) 所示。

归约过程：

（1）移动圆盘 A 和 B 至柱子 2 的双圆盘难题，如图 2-3(b)所示。图中，括号中的数字出现的次数即代表着对应柱子底下圆盘的数量。

（2）移动圆盘 C 至柱子 3 的单圆盘难题，如图 2-3(c)所示。

（3）移动圆盘 A 和 B 至柱子 3 的双圆盘难题，如图 2-3(d)所示。

由以上过程可以看出，简化了难题，每一个都比原始难题容易，所以问题都会变成易解的本原问题。

4. 归约描述

问题归约方法是应用算符来把问题描述变换为子问题描述。

可以用状态空间表示的三元组合（S,F,G）来规定与描述问题；对于梵塔问题，子问题[(111)→(122)]、[(122)→(322)] 以及 [(322)→(333)] 规定了最后解答路径将要通过的状态（122）和（322）。

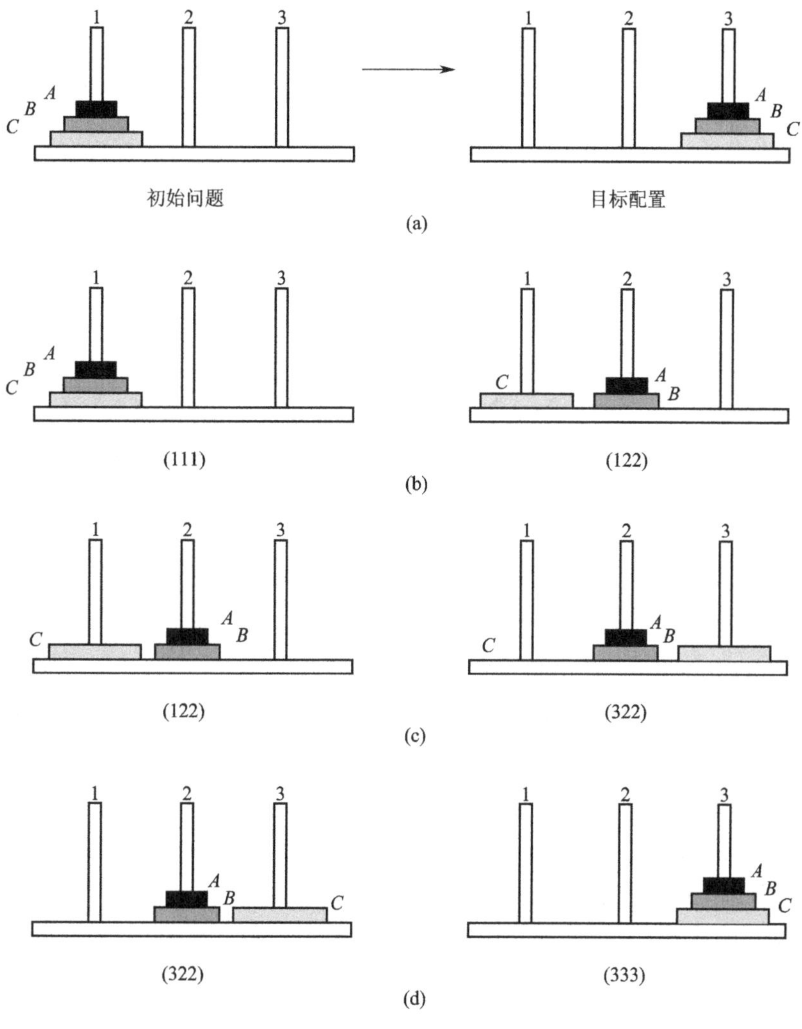

图 2-3　梵塔问题

问题归约方法可以应用状态、算符和目标这些表示法来描述问题，这并不意味着问题归约法和状态空间法是一样的。

2.2.2　与或图表示

1. 与或图的概念

用一个类似图的结构来表示把问题归约为后继问题的替换集合，这种结构图称为问题归纳图，也称与或图，如图 2-4 和图 2-5 所示。

例如，设想问题 A 需要由求解问题 B、C 和 D 来决定，那么可以用一个与图来表示，各节点之间用一段小圆弧连接标记；同样，一个问题 A 或者由求解问题 B 或者由求解问题 C 来决定，则可以用一个或图来表示。

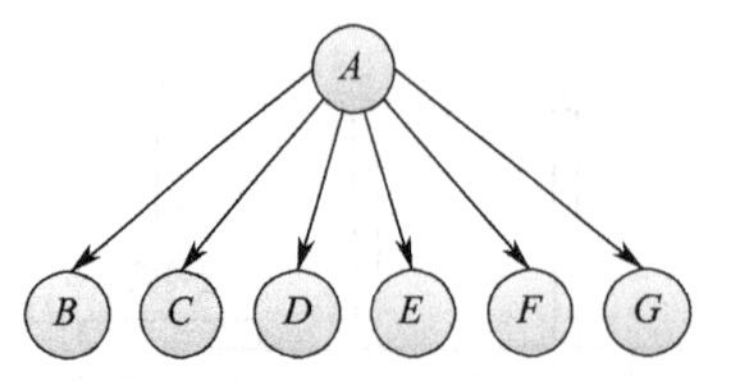

图 2-4　子问题集合

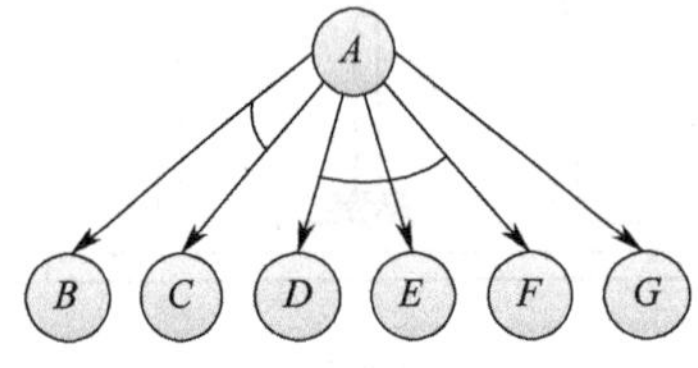

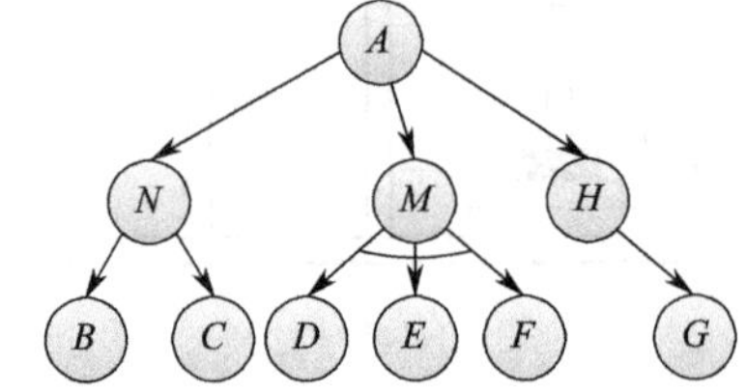

图 2-5　与或图

2. 与或图的有关术语

(1) 父节点：一个初始问题或是可分解为子问题的问题节点。

(2) 子节点：一个初始问题或是子问题分解的子问题节点。

(3) 或节点：只要解决某个问题就可解决其父辈问题的节点集合，如图 2-5 中 (N, M, H)。

(4) 与节点：只有解决所有子问题，才能解决其父辈问题的节点集合，如图 2-5 中 (D, E, F) 各节点之间用一段小圆弧连接标记。

(5) 有向弧线：父辈节点指向子节点的带箭头连线。

(6) 终叶节点：对应于原问题的本原节点。

3. 与或图的有关定义

与或图中一个可解节点的一般定义可以归纳如下：

(1) 终叶节点是可解节点（因为它们与本原问题相关联）。

(2) 如果某个非终叶节点含有或后继节点，那么只有当其后继节点至少有一个是可解的时，此非终叶节点才是可解的。

(3) 如果某个非终叶节点含有与后继节点，那么只要当其后继节点全部为可解时，此非终叶节点才是可解的。

不可解节点的一般定义归纳于下：

(1) 没有后裔的非终叶节点为不可解节点。

(2) 如果某个非终叶节点含有或后继节点，那么只有当其全部后裔为不可解时，此非终叶节点才是不可解的。

(3) 如果某个非终叶节点含有与后继节点，那么只要当其后裔至少有一个为不可解时，此非终叶节点才是不可解的。

4. 与或图构图规则

(1) 与或图中的每个节点代表一个要解决的单一问题或问题集合。图中所含起始节点对应于原始问题。

（2）对应于本原问题的节点，称为终叶节点，它没有后裔。

（3）对于把算符应用于问题 A 的每种可能情况，都把问题变换为一个子问题集合；有向弧线自 A 指向后继节点，表示所求得的子问题集合。

（4）一般对于代表两个或两个以上子问题集合的每个节点，有向弧线从此节点指向此子问题集合中的各个节点。

梵塔问题归约图如图 2－6 所示。

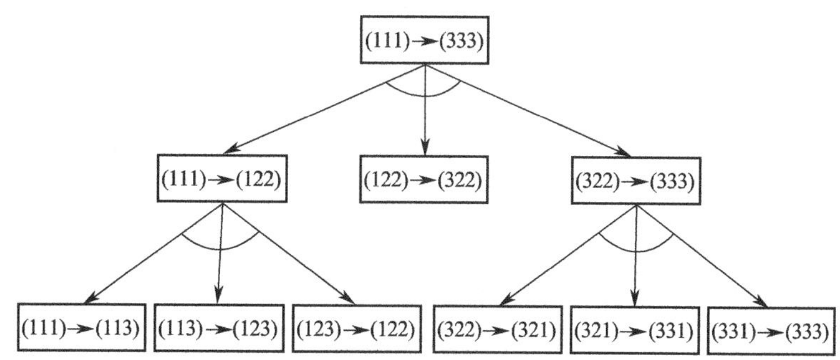

图 2－6　梵塔问题归约图

2.3　谓词逻辑表示

在这种方法中，知识库可以看成一组逻辑公式的集合，知识库的修改是增加或删除逻辑公式。使用逻辑法表示知识，需要将以自然语言描述的知识通过引入谓词、函数来加以形式描述，获得有关的逻辑公式，进而以机器内部代码表示。在逻辑法表示下可采用归结法或其他方法进行准确的推理。

谓词逻辑表示法建立在形式逻辑的基础上，具有下列优点：谓词逻辑表示法对如何由简单说明构造复杂事物的方法有明确、统一的规定，并且有效地分离了知识和处理知识的程序，结构清晰；谓词逻辑与数据库，特别是与关系数据库有密切的关系；一阶谓词逻辑具有完备的逻辑推理算法；逻辑推理可以保证知识库中新旧知识在逻辑上的一致性和演绎所得结论的正确性；逻辑推理作为一种形式推理方法，不依赖于任何具体领域，具有较大的通用性。

但是，谓词逻辑表示法也存在着下列缺点：难于表示过程和启发式知识；由于缺乏组织原则，使得知识库难于管理；由于弱证明过程，当事实的数目增大时，在证明过程中可能产生组合爆炸；表示的内容与推理过程的分离，推理按形式逻辑进行，内容所包含的大量信息被抛弃，这样使得处理过程加长、工作效率低。谓词逻辑适合表示事物的状态、属性、概念等事实性的知识，以及事物间确定的因果关系，但是不能表示不确定性的知识，以及推理效率很低。

2.3.1 谓词演算

1. 语法和语义

谓词逻辑的基本组成部分是谓词符号、变量符号、函数符号和常量符号，并用圆括号、方括号、花括号和逗号隔开，以表示辖域内的关系。

原子公式是由若干谓词符号和项组成的，只有当其对应的语句在定义域内为真时，才具有值 T（真）；而当其对应的语句在定义域内为假时，该原子公式才具有值 F（假）。

2. 连词和量词

连词有 $\wedge$(与)、$\vee$(或)，全称量词($\forall x$)，存在量词（$\exists x$）。

原子公式是谓词演算的基本积木块，运用连词能够组合多个原子公式以构成比较复杂的合式公式。

3. 有关定义

用连词 $\wedge$ 把几个公式连接起来而构成的公式称为合取，而此合取式的每个组成部分称为合取项。由一些合式公式所构成的任一合取也是一个合式公式。

用连词 $\vee$ 把几个公式连接起来所构成的公式称为析取，而此析取式的每一组成部分称为析取项。由一些合式公式所构成的任一析取也是一个合式公式。

用连词→连接两个公式所构成的公式称为蕴含。蕴含的左式称为前项，右式称为后项。如果前项和后项都是合式公式，那么蕴含也是合式公式。

前面具有符号“～”的公式称为否定。一个合式公式的否定也是合式公式。

量化一个合式公式中的某个变量所得到的表达式也是合式公式。如果一个合式公式中某个变量是经过量化的，就把这个变量称为约束变量，否则称为自由变量。在合式公式中，感兴趣的主要是所有变量都是受约束的。这样的合式公式称为句子。

2.3.2 谓词公式

1. 谓词合式公式的定义

(1) 在谓词演算中合式公式的递归定义如下：

①原子谓词公式是合式公式。

②若 A 为合式公式，则～A 也是一个合式公式。

③若 A 和 B 都是合式公式，则（$A \wedge B$）、($A \vee B$)、($A \rightarrow B$）和（$A \leftrightarrow B$）都是合式公式。

④若 A 是合式公式，x 为 A 中的自由变元，则（$\forall x$)A 和（$\exists x$)A 都是合式公式。

⑤只有按上述规则①～④求得的那些公式，才是合式公式。

(2) 项

①个体常量、个体变量（基本的项）。

②若 $t_1,t_2,\cdots,t_n$ 是项，f 是 n 元函数，则 $f(t_1,t_2,\cdots,t_n)$ 是项。

③仅由有限次使用①、②产生的符号串才是项。

（3）原子谓词公式：若 $t_1, t_2, \cdots, t_n$ 是项，P 是谓词，则称 $P(t_1, t_2, \cdots, t_n)$ 为原子谓词公式。

相关规则：

①原子谓词公式是谓词公式。

②若 A 是谓词公式，其否定也是谓词公式。

③若 A、B 是谓词公式，其进行的合取与析取运算也是谓词公式。

④若 A 是谓词公式，x 是项，对 x 的约束量词表达式产生的也是谓词公式。

（4）量词的辖域。

量词的约束范围，即指位于量词后面的单个谓词或者用括弧括起来的合式公式。例如：

$$(\forall x)\{P(x) \rightarrow \{\forall y\}[P(y) \rightarrow P(f(x,y))] \wedge (\exists y)[Q(x,y) \rightarrow P(y)]\}$$

（5）约束变元：受到量词约束的变元，即辖域内与量词中同名的变元称为约束变元。

（6）自由变元：不受约束的变元称为自由变元。

（7）变元的换名：谓词公式中的变元可以换名，要保持变量的论域不变。

（8）改名规则：

①对约束变元，必须把同名的约束变元都统一换成另外一个相同的名字，且不能与辖域内的所有其他变元同名。

②对辖域内的自由变元，不能改成与约束变元相同的名字。

（9）谓词公式真值表：取出公式中所有单个谓词，按所有可能的取值组合，再按连接词和量词的定义给出合式公式的真值。

2. 合式公式的性质

（1）否定之否定。$\sim(\sim P)$ 等价于 P。

（2）$P \vee Q$ 等价于 $\sim P \rightarrow Q$。

（3）德·摩根定律。

$\sim(P \vee Q)$等价于$\sim P \wedge \sim Q$；

$\sim(P \wedge Q)$等价于$\sim P \vee \sim Q$。

（4）分配律。

$P \wedge (Q \vee R)$等价于$(P \wedge Q) \vee (P \wedge R)$；

$P \vee (Q \wedge R)$等价于$(P \vee Q) \wedge (P \vee R)$。

（5）交换律。

$P \wedge Q$ 等价于 $Q \wedge P$；

$P \vee Q$ 等价于 $Q \vee P$。

（6）结合律。

$(P \wedge Q) \wedge R$ 等价于 $P \wedge (Q \wedge R)$；

$(P \vee Q) \vee R$ 等价于 $P \vee (Q \vee R)$。

（7）逆否律。

$P \rightarrow Q$ 等价于 $\sim Q \rightarrow \sim P$。

此外，还可建立下列等价关系：

(8) $\sim(\exists x)P(x)$ 等价于 $(\forall x)[\sim P(x)]$；

$\sim(\forall x)P(x)$ 等价于 $(\exists x)[\sim P(x)]$。

(9) $(\forall x)[P(x) \wedge Q(x)]$ 等价于 $(\forall x)P(x) \wedge (\forall x)Q(x)$；

$(\forall x)[P(x) \vee Q(x)]$ 等价于 $(\forall x)P(x) \vee (\forall x)Q(x)$。

(10) $(\forall x)P(x)$ 等价于 $(\forall y)P(y)$；

$(\exists x)P(x)$ 等价于 $(\exists y)P(y)$。

2.3.3 置换与合一

1. 置换

一个表达式的置换就是在该表达式 E 中用置换项 s 置换变量，记作 Es。

一般说来，置换是可结合的，但置换是不可交换的。

举例说明：表达式 $P[x,f(y),B]$ 的一个置换为 $s_1=\{z/x,w/y\}$，则 $P[x,f(y),B]s_1=P[z,f(w),B]$。

2. 合一

寻找项对变量的置换，以使两表达式一致，称为合一（unification）。如果一个置换 s 作用于表达式集 $\{E_i\}$ 的每个元素，则用 $\{E_i\}s$ 来表示置换例的集。称表达式集 $\{E_i\}$ 是可合一的，如果存在一个置换 s 使得 $E_1s=E_2s=E_3s=\cdots$，那么称此 s 为 $\{E_i\}$ 的合一置换，因为 s 的作用是使集合 $\{E_i\}$ 成为单一形式。

举例说明：$G_1=Q[a,f(g)]$，$G_2=Q(x,b)$，合一置换 $\theta=\{a/x,b/f(g)\}$，$G_1\theta=G_2\theta$。

2.4 语义网络表示

语义网络是 J. R. Quillian 于 1968 年在研究人类联想记忆时提出的一种心理学模型，他认为记忆是由概念间的联系实现的。随后在他设计的可教式语言理解器（teachable language comprehendent，TLC）中又把它用作为知识表示方法。1972 年，西蒙（Simon）在他的自然语言理解系统中采用了语义网络知识表示法。1975 年，亨德里克（G. G. Hendrix）对全称量词的表示提出了语义网络分区技术。目前，语义网络已经成为人工智能中应用较多的一种知识表示方法，尤其是在自然语言处理方面的应用。

语义网络的基本概念：语义网络是知识的一种结构化图解表示，它由节点和弧线或连线组成。节点用于表示实体、概念和情况等，弧线用于表示节点间的关系。

语义网络表示由以下 4 个相关部分组成：

(1) 词法部分：决定表示词汇表中允许有哪些符号，它涉及各个节点和弧线。

(2) 结构部分：叙述符号排列的约束条件，指定各弧线连接的节点对。

(3) 过程部分：说明访问过程，这些过程能用来建立和修正描述，以及回答相关问题。

（4）语义部分：确定与描述相关的（联想）意义和方法，即确定有关节点的排列及其占有物和对应弧线。

语义网络具有以下特点：

（1）能把实体的结构、属性与实体间的因果关系显式而简明地表达出来，与实体相关的事实、特征和关系可以通过相应的节点弧线推导出来。

（2）由于与概念相关的属性和联系被组织在一个相应的节点中，因而使概念易于受访和学习。

（3）表现问题更加直观，更易于理解，适于知识工程师与领域专家沟通。

（4）语义网络结构的语义解释依赖于该结构的推理过程而没有结构的约定，因而得到的推理不能保证像谓词逻辑法那样有效。

（5）节点间的联系可能是线状、树状或网状的，甚至是递归状的结构，使相应的知识存储和检索可能需要比较复杂的过程。

2.4.1　二元语义网络的表示

用两个节点和一条弧线可以表示一个简单的事实，对于表示占有关系的语义网络，通过允许节点既可以表示一个物体或一组物体，也可以表示情况和动作。每一情况节点可以有一组向外的弧（事例弧），称为事例框，用以说明与该事例有关的各种变量。

在选择节点时，首先要弄清节点是用于表示基本的物体或概念的，还是用于多种目的的。如果语义网络只被用来表示一个特定的物体或概念，那么当有更多的实例时就需要更多的语义网络。

选择语义基元就是试图用一组基元来表示知识。这些基元描述基本知识，并以图解表示的形式相互联系。

例如：

（1）我坐的椅子的颜色是咖啡色。

（2）椅子包套是皮革。

（3）椅子是一种家具。

（4）座位是椅子的一部分。

（5）椅子的所有者是 X。

（6）X 是个人。

语义网络表示如图 2-7 所示。

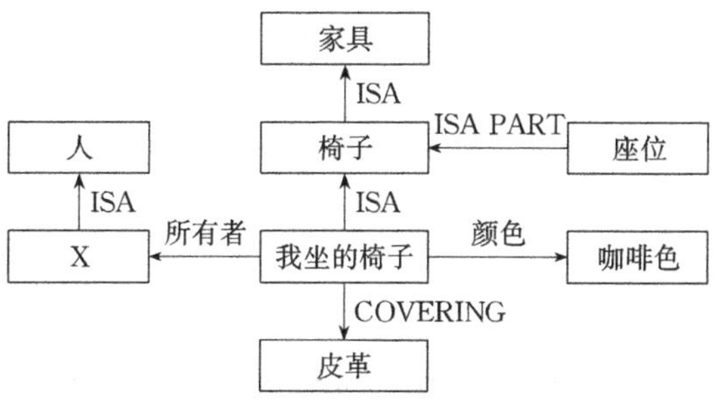

图 2-7　语义网络表示

2.4.2 多元语义网络的表示

语义网络是一种网络结构，节点之间以链相连。从本质上讲，节点之间的连接是二元关系。语义网络从本质上来说，只能表示二元关系，如果所要表示的事实是多元关系，则把这个多元关系转化成一组二元关系的组合，或二元关系的合取。具体来说，多元关系 $R(X_1, X_2, \cdots, X_n)$ 总可以转换成 $R_1(X_{11}, X_{12}) \wedge R_2(X_{12}, X_{22}) \wedge \cdots \wedge R_n(X_{n1}, X_{n2})$。要在语义网络中进行这种转换需要引入附加节点。例如，用语义网络表示“小燕子从春天到秋天占有一个巢”，如图 2－8 所示。

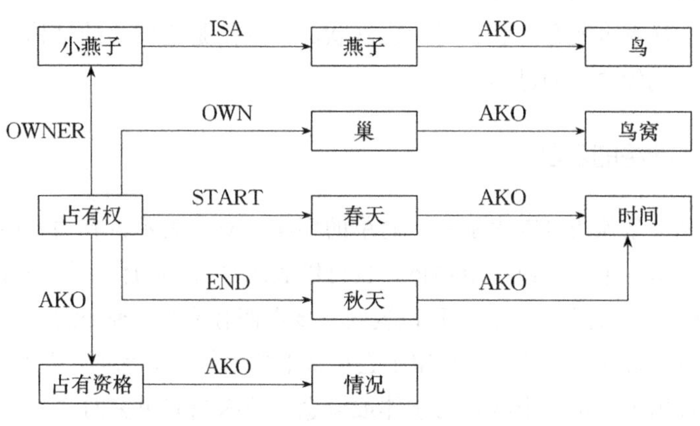

图 2－8　多元语义网络表示

多元关系表示方法：增加事件节点。

例如：用语义网络表示“A 学校和 B 学校两球队在 A 学校进行一场篮球比赛，比分为 80∶81”。

三元关系（SCORE（A 学校，B 学校，80∶81））。

需要设计一个“球赛”的事件节点。

引入事件节点 G25 来表示这场特点的球赛，如图 2－9 所示。

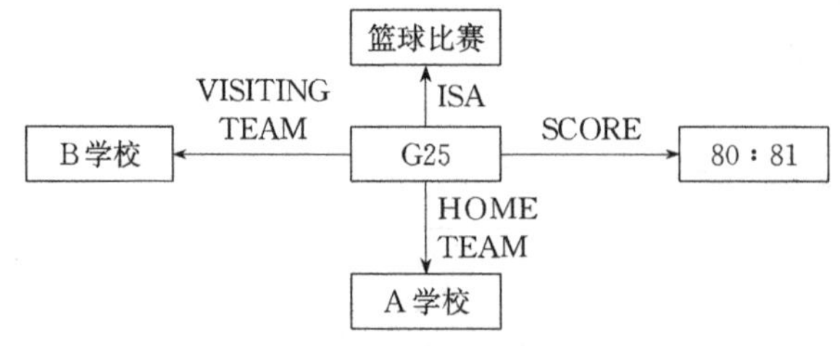

图 2－9　三元关系表示

2.4.3 语义网络的推理过程

语义网络、框架和剧本等知识表示方法，均是对知识和事实的一种静止的表达方法，是知识的一种显式表达形式。而对于如何使用这些知识，则通过控制策略来决定。

和知识的陈述式表示相对应的是知识的过程式表示。所谓过程式表示，就是将有关某一问题领域的知识，连同如何使用这些知识的方法，均隐式地表达为一个求解问题的过程。它所给出的是事物的一些客观规律，表达的是如何求解问题。知识的描述形式就是程序，所有信息均隐含在程序之中。从程序求解问题的效率上来说，过程式表达要比陈述式表达高得多。但因其知识均隐含在程序中，因而难以添加新知识和扩充功能，适用范围较窄。

语义网络的推理过程：用语义网络表示知识的问题求解系统主要由两大部分组成，一部分是由语义网络构成的知识库；另外一部分是用于求解的推理机制。

语义网络的推理过程主要有两种：

（1）继承：是指把对事物的描述从抽象节点传递到实例节点。通过继承可以得到所需节点的一些属性值，它通常是沿着 ISA、AKO 等继承弧进行的。

（2）匹配：是指在知识库的语义网络中寻找与待求解问题相符的语义网络模式。

两个概念：语义网络的值与槽。

（1）值：链的尾部的节点称为值节点，如图 2－10 所示的 BRICK、TOY 和 RED。

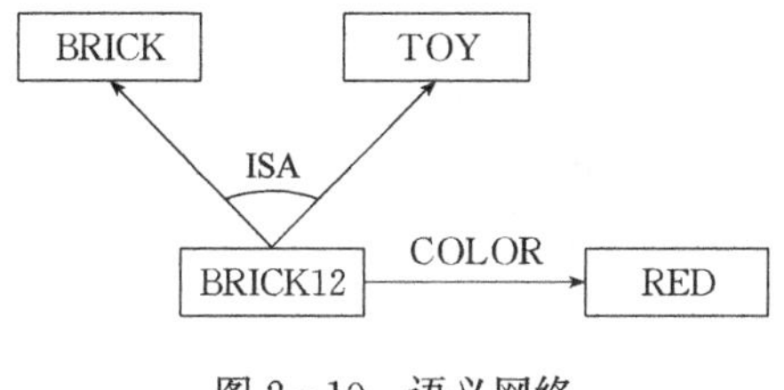

图 2－10　语义网络

（2）槽：节点的槽相当于链，不过取不同的名字而已。图 2－10 中，BRIK12 有 3 个链，构成两个槽。其中一个槽只有一个值，另外一个槽有两个值。COLOR 槽填入 RED，ISA 槽填入 BRICK 和 TOY。

在语义网络中所谓的继承是把对事物的描述从概念节点或类节点传递到实例节点。图 2－11 所示中 BRICK 是概念节点，BLOCK 是一个实例节点。

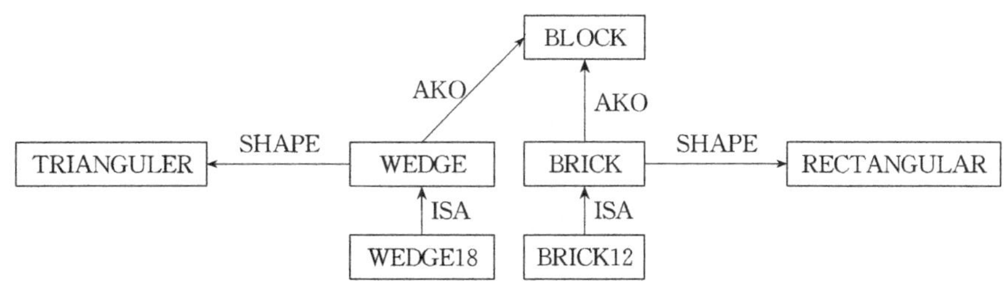

图 2－11　语义网络的值与槽

继承的 3 种过程：

（1）值继承：除了 ISA 链以外，另外还有一种 AKO（A-KIND-OF）链也可被用于语义网络中的描述或特性的继承。ISA 和 AKO 链直接地表示类的裁员关系以及子类和类之间的关系，提供了一种把知识从某一层传递到另一层的途径。

（2）“如果需要”继承：在某些情况下，当不知道槽值时，可以利用已知信息来计算。例如，可以根据积木的体积和密度来计算积木的质量。进行上述计算的程序称为 if-needed 程序。

(3)“缺省”继承：某些情况下，如果对事物所作的假设不是十分有把握，最好对所作的假设加上“可能”这样的字眼。例如，可以认为宝石可能是昂贵的，但不一定是。我们把这种具有相当程度的真实性，但是又不能十分肯定的值称为“缺省”值。

2.5 框架表示

框架理论是明斯基在视觉、自然语言对话及其他复杂行为的基础上提出的。

框架理论认为人们对现实世界中各种事物的认识都是以一种类似于框架的结构存储在记忆中的。当遇到一个新事物时，就从记忆中找出一个合适的框架，并根据新的情况对其细节加以修改、补充，从而形成对这个新事物的认识。例如，一个人走进一家从未去过的饭店前，会根据以往的经验，想象到在饭店里将看到菜单、餐桌、服务员等。至于菜单的样式、餐桌的颜色、服务员的服饰等细节，都需要在进入饭店之后通过观察来得到。这样的一种知识结构是事先可以预见到的。

根据以往经验去认识新事物的方法是人们经常采用的。但是，人们不可能把过去的经验全部存在脑子里，而只能以一种通用的数据结构形式把它们存储起来，当新情况发生时，只要把新的数据加入到该通用数据结构中便可形成一个具体的实体，这样的通用数据结构就称为框架。

对于一个框架，当人们把观察或认识到的具体细节填入后，就得到了该框架的一个具体实例，框架的这种具体实例称为实例框架。

在框架理论中，框架是知识的基本单位，把一组有关的框架连接起来，便可形成一个框架系统。在框架系统中，系统的行为由该系统内框架的变化来实现，系统的推理过程由框架之间的协调来完成。

2.5.1 框架的构成

1. 框架基本结构

框架通常由描述事物的各个方面的若干槽（slot）组成，每一个槽又可以根据实际情况拥有若干侧面（aspect），每一个侧面也可以拥有若干值（value）。在框架系统中，每个框架都有自己的名字，称为框架名，同样，每个槽和侧面也都有自己的槽名和侧面名。框架的基本结构如下：

```
Frame〈框架名〉
    槽名 1:侧面名 1 值 1,值 2,…
           侧面名 2 值 1,值 2,…
           …
    槽名 2:侧面名 1 值 1,值 2,…
           侧面名 2 值 1,值 2,…
           …
    …
```

框架的槽值和侧面值，既可以是数字、字符串、布尔值，也可以是一个给定的操作，甚至可以是另外一个框架的名字。当其值为一个给定的操作时，系统可以通过在推理过程中调用该操作，实现对侧面值的动态计算或修改等。当其值为另一个框架的名字时，系统可以通过在推理过程中调用该框架，实现这些框架之间的联系。为了说明框架的这种基本结构，下面先看一个比较简单的框架的例子。

```
Frame〈MASTER〉
    Name:Unit(Last name,First name)
    Sex:Area(male,female)
    Default:male
    Age:Unit(Years)
    Major:Unit(Major)
    Field:Unit(Field)
    Advisor:Unit(Last name,First name)
    Project:Area(National,Provincial,Other)
        Default:National
    Paper:Area(SCI,EI,Core,General)
        Default:Core
    Address:〈S-Address〉
    Telephone:HomeUnit(Number)
        MobileUnit(Number)
```

这个框架共有 10 个槽，分别描述了一个硕士研究生在姓名（Name）、性别（Sex）、年龄（Age）、专业（Major）、研究方向（Filed）、导师（Advisor）、参加项目（Project）、发表论文（Paper）、住址（Address）、电话（Telephone）这 10 个方面的情况。其中，性别、参加项目、发表论文这三个槽中的第二个侧面均为默认值；电话槽的两个侧面分别是住宅电话（Home）和移动电话（Mobile）。

该框架的每个槽或侧面都给出了相应的说明信息，这些说明信息用来指出填写槽值或侧面值时的一些格式限制。其中，单位用来指出填写槽值或侧面值时的书写格式。例如，姓名槽和导师槽应该按先写姓（Last Name）、后写名（First Name）的格式填写；学习专业槽应该按专业名（Major）填写；研究方向槽应该按方向名（Field）填写；住宅电话、移动电话侧面应按电话号码填写。范围（Area）用来指出所填写槽值仅能在指定范围内选择槽值。例如，参加项目槽只能在国家级（National）、省级（Provincial）、其他（Other）这 3 种级别中挑选；发表论文槽只能在 SCI 收录、EI 收录、核心（Core）刊物、一般（General）刊物这 4 种类型中选择槽值。默认值（Default）用来指出当相应槽没有插入槽值时，以默认值作为该槽的槽值，可以节省一些填槽工作。例如，参加项目槽，当没填入任何信息时，就以默认值国家级（National）作为该槽的槽值；发表论文槽，当没有填入任何信息时，就以默认值核心期刊（Core）作为该槽的槽值。尖括号“〈〉”表示由它括起来的是框架名。例如，住址槽的槽值是学生住址框架的框架名 S-Address。

在框架中给出这些说明信息，可以使框架的问题描述更加清楚。但这些说明信息并非必需的，框架表示也可以进一步简化，省略其中的 Unit、Area、Default，而直接放置槽值或侧面值。

2. 多框架表示

上面给出的仅是一种框架的基本结构和一个比较简单的例子。一般来说，单个框架只能用来表示那些比较简单的知识。当知识的结构比较复杂时，往往需要用多个相互联系的框架来表示。例如分类问题，如果用多层框架结构表示，既可以使知识结构清晰，又可以减少冗余。为了便于理解，下面以硕士研究生框架为例来进行说明。

这里把 MASTER 框架用两个相互联系的 Student 框架和 Master 框架来表示。其中，Master 框架是 Student 框架的一个子框架。Student 框架描述所有学生的共性，Master 框架描述硕士研究生的个性，并继承 Student 框架的所有属性。

```
Frame〈Student〉
    Name:Unit(Last name,First name)
    Sex:Area(male,female,)
        Default,male
    Age:Unit(Years)
        If-Needed:Ask-Age
    Address:〈S-Address〉
    Telephone:HomeUnit(Number)
    MobileUnit(Number)
        If-Needed:Ask-Telephone

Frame〈MASTER〉
    AKO:Student
    Major:Unit(Major)
        If-Needed:Ask-Major
        If-Added:Check-Major
    Field:Unit(Field)
        If-Needed:Ask-Field
  Advisor:Unit(Last name,First name)
        If-Needed:Ask-Advisor
    Project:Area(National,Provincial,Other)
        Default:National
    Paper:Area(SCI,EI,Core,General)
        Default:Core
```

在 Master 框架中，用到了一个系统预定义槽名 AKO。所谓系统预定义槽名，是指框架表示法中事先定义好的可公用的一些标准槽名。框架中的预定义槽名 AKO 与语义网络中的 AKO 弧的含义相似，其直观含义为“是一种”。当 AKO 作为下层框架的槽名时，其槽值为上层框架的框架名，表示该下层框架是 AKO 槽所给出的上层框架的子框架，并且该子框架可以继承其上层框架的属性和操作。

框架的继承技术通常由框架中设置的 3 个侧面：Default、If-Needed、If-Added 所提供的默认推理功能来组合实现。Default 侧面的作用是为相应的槽提供默认值，当其所在的槽没有提供槽值时，系统就可以以此侧面值作为该槽的槽值。例如，Paper 槽的默认值为 Core。If-Needed 侧面的作用是提供一个为相应槽赋值的过程，当某个槽不能提供统一的默认值时，可在该槽增加一个 If-Needed 侧面，系统通过调用该侧面提供的过程，产生相应的属性值。例如，Age 槽、Telephone 槽等。If-Added 侧面的作用是提供一个因相应槽的槽值变化而引起的后继处理过程，当某个槽的槽值变化会影响到一些相关的槽时，需要在该槽增加一个 If-Added 侧面，系统通过调用该侧面提供的过程去完成对其相关槽的后继处理。例如，Major 槽，由于 Major 的变化，可能会引起 Field 和 Advisor 的变化，因为需要调用 If-Added 侧面提供的 Check-Major 过程进行后继处理。

3. 实例框架

假设有 Yang Ye 和 Liu Qing 两个硕士研究生，把他们的具体情况分别填入 Master 框架后，可得到两个实例框架 Master-1 和 Master-2。这两个实例框架可表示如下：

```
Frame〈Master-1〉
    ISA:Master
    Name:Yang Ye
    Sex:Female
    Major:Computer
    Field:Web-Intelligence
    Advisor:Lin Hai
    Project:Provincial

Frame〈Master-2〉
    ISA:Master
    Name:Liu Qing
    Age:22
    Major:Computer
    Advisor:Lin Hai
    Paper:EI
```

在这两个实例框架中，又用到了一个系统预定义槽名 ISA。该预定义槽名与语义网络中的 ISA 弧的语义相似，其直观含义为“是一个”，表示一个事物是另一个事物的具体实例，用来描述一个具体事物与其抽象概念间的实例关系。例如，Master-1 和 Master-2 是两个具体的 Master。

4. 框架系统

当用框架来描述一个复杂知识时，往往需要用一组相互联系的框架来表示，这组相互联系的框架称为框架系统。在实际应用中，绝大多数的问题都是用框架系统来表示的。

2.5.2 框架的推理

在框架系统中，问题的求解主要是通过对框架的继承、匹配、填槽来实现的。当需要求解问题时，首先要把该问题用框架表示出来。然后利用框架之间的继承关系，把它与知识库中的已有框架进行匹配，找出一个或多个候选框架，并在这些候选框架引导下进一步获取附加信息，填充尽量多的槽值，以建立一个描述当前情况的实例。最后，用某种评价方法对候选框架进行评价，以决定是否接收该框架。

1. 特性继承

框架系统的特性继承主要是通过 ISA 和 AKO 链来实现的。当需要查询某一事物的某个属性，且描述该事务的框架为提供其属性值时，系统就沿 ISA 和 AKO 链追溯到具有相同槽的类或超类框架。这时，如果该槽提供有 Default 侧面值，就继承该默认值作为查询结果返回。否则，如果该槽提供有 If-Needed 侧面供继承，则执行 If-Needed 操作，去产生一个值作为查询结果。如果对某个事物的某一属性进行了赋值或修改操作，则系统会自动沿 ISA 和 AKO 链追溯到具有相应的类或超类的框架，只要发现类或超类框架中的同名槽具有 If-Added 侧面，就执行 If-Added 操作，进行相应的后继处理。

If-Needed 操作和 If-Added 操作的主要区别在于，它们的激活时机和操作目的不同。If-Needed 操作是在系统试图查询某个事物框架中未记载的属性值时激活，并根据查询要求，被动地及时产生所需要的属性值。If-Added 操作是在系统对某个事物框架的属性做赋值或修改工作后激活，目的在于通过规定的后继处理，主动做好配套操作，以消除可能存在的不一致问题。

以前面的学生框架为例，若要查询 Master-1 的 Sex，则可以直接回答，但是要查询 Master-2 的 Sex，则需要沿 ISA 链和 AKO 链到 Student 框架取其默认值 male。再如，若要查询 Master-2 的 Field，需要沿 ISA 链到 Master 框架执行，执行 Field 槽 If-Needed 侧面的 Ask-Field 操作，即时产生一个值，假设产生的值是 Data-Mining，则表示 Master-2 的研究方向为数据挖掘。又如，若要修改 Maste-2 的 Major，需要沿 ISA 链到 Master 框架，执行 Major 槽 If-Added 侧面的 Check-Major 操作，对 Field 和 Advisor 进行修改，以保持知识的一致性。

2. 框架的匹配和填槽

框架的匹配实际上是通过对相应槽的槽名和槽值逐个进行比较来实现的。如果两个框的各对应槽没有矛盾，或者满足预先规定的某些条件，就认为这两个框架可以匹配。由于框架间存在继承关系，一个框架所描述的某些属性及属性值可能是从超类框架继承过来的，因此，两个框架的比较往往会涉及超类框架，这就增加了匹配的复杂性。

为了说明框架问题的求解过程，下面给出一个例子。假设前面讨论的关于学生的框架系统已建立在知识库中，当前要解决的问题是从知识库中找出一个满足如下条件的硕士研究生：

Sex 为 male，Age<25，Major 为 Computer，Project 为 National

把这些条件用框架表示出来，就可得到如下的初始问题框架：

```
Frame〈Master-x〉
    Name:
    Age:Years<25
    Sex:male
    Major:Computer
    Project:National
```

用此框架和知识库中的框架匹配，显然 Master-2 框架可以匹配。因为 Age、Sex、Major 槽都符合要求，Project 槽虽然没有给出，但由继承性可知它取默认值 National，完全符合初始问题框架 Master-x 的要求，所以要找的学生有可能是 Liu Qing。

这里之所以说是“有可能”，是由于知识库中可与问题框架 Master-x 成功匹配的框架可能不止一个，因此，目前匹配成功的框架还只能作为预选框架，需要进一步搜集信息，以便从多个匹配成功的框架中选择一个，或者根据框架中其他槽的内容及框架间的关系明确下一步查找的方向和线索。

框架系统的问题求解过程与人类求解问题的思维过程有许多相似之处。首先根据当前已知条件对知识库中的框架进行部分匹配，找出预选框架。例如，像前面例子中找出 Liu Qing 等人这样的预选框架，并且由这些框架中其他槽的内容及框架间的联系得到启发，提出进一步的要求，使问题的求解向前推进一步。重复进行这一过程，直到问题得到最终解为止。

2.6　脚本表示法

脚本表示法是根据概念依赖理论提出的一种知识表示方法。脚本与框架类似，由一组槽组成，用来表示特定领域内一些事件发生的序列。

2.6.1　脚本的定义与组成

在人类的知识中，常识性知识是数量最大、涉及面最宽、关系最复杂的知识，很难把它们形式化地表示出来交给计算机处理。面对这一难题，夏克（P. C. Schank）提出了概念依赖理论，其基本思想是把人类生活中各类故事情节的基本概念抽取出来，构成一组原子概念，确定这些原子概念间的相互依赖关系，然后把所有故事情节都用这组原子概念及其依赖关系表示出来。

由于各人的经历不同，考虑问题的角度和方法不同，因此，抽象出来的原子概念也不尽相同，但一些基本的要求是应该遵守的。例如，原子概念不能有二义性，各原子概念应该相互独立，等等。夏克在其研制的 SAM（script applier mechanism）中对动作一类的概念进行原子化，抽取了 11 种原子动作，并把它们作为槽来表示一些基本行为。这 11 种原子动作为：

（1）PROPEL：表示对某一对象施加外力，例如推、拉、打等。

（2）GRASP：表示行为主体控制某一对象，例如抓起某件东西、扔掉某件东西等。

（3）MOVE：表示行为主体变换自己身体的某一部位，例如抬手、蹬腿、站起、坐下等。

（4）ATRANS：表示某种抽象关系的转移，例如把某物交给另一人时，该物的所有关系就发生了转移。

（5）PTRANS：表示某一物理对象物理位置的改变，例如某人从某一处走到另一处，其物理位置发生了变化。

（6）ATTEND：表示某个感官获取信息，例如用眼睛看或用耳朵听等。

（7）INGEST：表示把某物放入体内，例如吃饭、喝水等。

（8）EXPEL：表示把某物排出体外，例如落泪、呕吐等。

（9）SPEAK：表示发出声音，例如唱歌、喊叫、说话等。

（10）MTRANS：表示信息的转移，例如看电视、窃听、交谈、读报等。

（11）MBUILD：表示由已有信息生成新信息。

夏克利用这 11 种原子概念及其依赖关系，把生活中的事件编制成脚本，每个脚本代表一类事件，并把事件的典型情节规范化。当接收一个故事时，就找出一个相应的脚本与之匹配，根据事先安排的脚本情节来理解故事，从而得到了脚本表示法这种知识表示方法。

脚本表示法的基本思想是：人类的日常行为可以表示为一个叙事体，这一叙事体可能由许多语句构成，句子的意思表达以行为（action）为中心的，但句子的行为不是由动词表示，而是由原语行为集表示，其中原语是包含动词意义的概念。换句话说，行为是由动词的概念表示，而不是由动词本身表示。

脚本（script）是特定范围内原型事件的结构，是框架的一种特殊情况，它用一组槽来描述某些事件发生的序列。例如，它可以表示餐厅、超市、教学大楼的场景。对于餐厅的脚本可以包括进入餐厅、看菜单、订餐、上饭菜、吃饭、付账、离开餐厅等。每一个场景都有一系列事件发生。脚本一般由以下几部分组成：

(1) 进入条件：指出脚本所描述的事件发生的先决条件，即前提条件。

(2) 场景：事件发生的顺序，事件基于概念依赖来描述。

(3) 角色：用来表示事件中的人或演员。

(4) 道具：用来表示事件中可能出现的物体。

(5) 轨迹：用来表示通用模式的一些细节上的变化，可用特殊的脚本表示。

(6) 结果：脚本所描述的事件发生之后的结果。

下面是描述考场的脚本，共有 8 个场景。

(1) 进入条件：

①考生在本考场中有位置；

②监考老师是本考场的监考。

(2) 轨迹：大楼 J-103。

(3) 道具：位置、考题、答题纸、桌子、笔。

(4) 角色：考生、监考老师、帮助人员。

(5) 场景：

场景一：考生进入考场。

```
考生 PTRANS          考生进入考场
考生 ATTEND          考生注视座位
考生 MBUILD          考生确定自己的位置
考生 PTRANS          考生朝自己的位置走去
考生 MOVE            考生在桌子旁坐下
```

场景二：监考老师进入考场。

```
监考老师 PTRANS      监考老师进入考场
监考老师 ATTEND      监考老师注视座位
监考老师 MBUILD      监考老师确定自己的位置
监考老师 PTRANS      监考老师朝自己的位置走去
监考老师 MOVE        监考老师在桌子旁坐下
```

场景三:发放答题纸。

```
监考老师 GRASPS            监考老师拿起答题纸
监考老师 PTRANS            监考老师走到每个座位旁
监考老师 MOVE              监考老师把答题纸放在每个位置上
```

场景四:发放考题。

```
监考老师 GRASPS            监考老师拿起考题
监考老师 PTRANS            监考老师走到每个座位旁
监考老师 MOVE              监考老师把考题放在每个位置上
```

场景五：监考老师检查考生。

```
监考老师 PTRANS            监考老师走到每个座位旁
监考老师 ATTEND            监考老师注释答题纸
```

场景六：考生答题并在答完后上交答题纸。

```
考生 ATRANS                考生拥有答题纸
考生 GRASPS                考生拿起答题纸
考生 PTRANS                考生把答题纸交给监考老师
```

场景七：考生离开考场。

```
考生 PTRANS                考生离开考场
```

场景八：监考老师离开考场。

```
监考老师 PTRANS            监考老师离开考场
```

(6) 结果：完成答题，并交回答题纸。

2.6.2 用脚本表示知识的步骤

用脚本表示知识可以由以下几个步骤组成：

(1) 确定脚本运行的条件，脚本中涉及的角色、道具。

(2) 分析所要表示的知识中的动作行为，划分故事情节，并将每个故事情节抽象为一个概念，作为分场景的名字，每个分场景描述一个故事情节。

(3) 抽取各个故事情节（或分场景）中的概念，构成一个原语集，分析并确定原语集中各原语间的互相依赖关系与逻辑关系。

(4) 把所有的故事情节都以原语集中的概念及它们之间的从属关系表示出来，确定脚本的场景序列，每一个子场景可能由一组原语序列构成。

(5) 给出脚本运行后的结局。

2.6.3 用脚本表示知识的推理方法

由脚本的组成可以看出，脚本表示法对事实或事件的描述结果为一个因果链。链头即脚本的进入条件，只有当这些进入条件被满足时，用脚本表示的事件才能发生；链尾是一组结果，只有当这一组结果产生后，脚本所描述的事件才算结束，其后的事件或事件序列才能发生。

用脚本表示问题求解的系统包含知识库和推理机。知识库中的知识用脚本表示，一般情况下，知识库中包含了许多事先写好的脚本，每一个脚本都是对某一类型的事件或知识的描述。求解问题时，根据问题求解系统中的推理机制，利用脚本中因果链实现问题的推理求解。

以上面考场脚本为例，一旦给出了脚本结构，就可以通过给定的脚本回答一些特殊的查询了。例如，我们知道“Jim 进入考场，并且拿着考题出来了”，如果问“Jim 是否去了考场”，那么显然就有解：YES。

2.6.4 脚本表示法的特点

根据上述内容可以看出，脚本表示法具有如下特点：

1. 自然性

脚本表示法体现了人们在观察事物时的思维活动，组织形式类似于日常生活中的电影剧本，对于表达预先构思好的特定知识（如理解故事情节等）是非常有效的。

2. 结构性

由于脚本表示法是一种特殊的框架表示法，所以，框架表示法善于表达结构性的知识的特点，它也具有。也就是说，它能够把知识的内部结构关系及知识间的联系表示出来，是一种结构化的知识表示方法。一个脚本也可以由多个槽组成，槽又可分为若干侧面，这样就能把知识的内部结构显式地表示出来。

脚本表示法同样拥有一定的缺点：它对知识的表示比较呆板，所表示的知识范围也比较窄，因此不太适合用来表达各种各样的知识。脚本表示法目前主要应用于自然语言处理领域的篇章理解方面。

2.7 面向对象的知识表示

面向对象是 20 世纪 90 年代软件的核心技术之一，并已在计算机学科的众多领域中得到了成功应用。在人工智能领域，人们已经把面向对象的思想、方法用于智能系统的设计与开发，并在知识表示、知识库组成与管理、专家系统设计等方面取得了较大的进展。

2.7.1 面向对象的基本概念

1. 对象

对象是客观世界中的任一事物，即客观世界中任何事物在一定条件下都可以成为认识研究的对象。可见，世界上的任何事物都是由对象组成的，对象可以大到整个宇宙，也可以小到一个原子。例如，一个国家、一个学校、一个人、一堂课，都可以是一个对象。

按照哲学的观点，对象有两重性，即对象的静态描述和动态描述。其中，静态描述表示对象的类别属性，动态描述表示对象的行为特性。它们之间相互影响，又相互依存。在面向对象系统中，对象是系统中的基本单位，它的静态描述可以表示为一个 4 元组：

```
对象::=(ID,DT,OP,FC)
```

其中，ID 是对象的名字；DT 是对象的数据；OP 是对象的操作；FC 是对象的对外接口。

对象的内部操作分为两类：一类是修改自身属性的状态操作；另一类是产生输出结果的操作。可见，对象是把数据和操作该数据的代码封装在一起的实体。

2. 类

类是一种对象类型，描述同一类型对象的共同特征。这种特征包含操作特征和存储特征。类具有继承性，一个类可以是某一类的子类，子类可以继承父类的所有特征。类的每一个对象都可以作为该类的一个实例。

类可以用一个 5 元组形式的描述：

```
类::=(ID,INH,DT,OI,IF)
```

其中，ID、DT 与对象中的含义类似；INH 是类的继承描述；OI 是操作集；IF 是对外接口。

3. 消息与方法

消息传递是对象之间进行通信的唯一手段，一个对象可以通过传递的消息与别的对象建立联系。所谓消息是对象之间互相请求或互相协作的途径，是要求某个对象执行其中某个功能操作的规格说明。消息的功能是请求对象执行某种操作。所谓方法是对对象实施各种操作的描述，即消息的具体实现。

2.7.2 面向对象的知识表示

面向对象的知识表示方法类似于框架表示法，知识以类为单位，按照一定的层次结构进行组织，不同类之间的联系可通过链来实现。以 C++为例，类的一般形式如下：

```
class〈类名〉[:〈父类名〉]
{
[private:]
    〈私有成员〉
public:
    〈公有成员〉
}
```

其中，class 是类说明的关键字；〈类名〉是类的名字，它是该类在系统中的唯一标识；〈父类〉是可选的，当该类有父类时，用它来指出其父类的名字；private 是私有段的标识关键字，它也是可选的，若私有段处于类说明的第一部分，则此关键字可以忽略；〈私有成员〉是只有该类本身才可以访问的成员；Public 是公有段的标识关键字；〈公有成员〉是允许其他类访问的成员，它提供了类的外部界面。类中的成员，无论是私有成员还是公有成员，都可以包括数据成员和成员函数两种类型。

2.7.3 面向对象方法学的主要观点

原则上，前面所讨论的各种知识表示方法都可以用面向对象的方法来描述。对不同的知识表示方法，其描述方式会有所差别。面向对象的基本特征主要包括：

1. 模块性

在面向对象系统中，对象是一个可以独立运行的实体，其内部状态不直接受外界影响，它具有模块化的两个重要特性：抽象和信息隐蔽。模块性是设计良好软件系统的基本属性。

2. 封装性

封装是一种信息隐蔽技术。它是指把一个数据和与这个数据有关的操作集合放在一起，形成一个封装体，外界只需要知道其功能而不必知道实现细节即可使用。对象作为一个封装体，可以把其使用者和设计者分开，从而便于进行软件的开发。

3. 继承性

继承所表达的是一种对象类之间的相交关系，它使得某类对象可以继承另一类对象的特征和能力。继承性是通过类的派生来实现的，如果一个父类派生了一个子类，则子类可以继承其父类的数据和操作。继承性可以减少信息冗余，实现信息共享。

4. 多态性

所谓多态性，是指一个名字可以有多种含义。例如，运算符“+”，它可以做整数的加，也可以做实数的加，甚至还可以做其他数据类型的加。尽管它们使用的运算符号相同，但所对应的代码却不同，究竟使用哪些代码，由运算时的入口参数的数据类型来确定。

5. 易维护性

由于对象实现了抽象和封装，使得一个对象可能出现的错误仅限于自身，而不易向外传播，这就便于系统的维护。同时，利用对象的继承性，还可以很方便地进行渐增型程序设计。

小　　结

本章讨论了知识的结构化表示方法，包括状态空间表示、问题归约描述、谓词逻辑表示、语义网络表示、框架表示、脚本以及面向对象表示。语义网络可用于单调、非单调等推理。状态表示法是很强的一种知识表示工具，但局限于单调推理。脚本用于表示复杂的场景，所以一般很难实现。这些知识表示方法使得知识具有丰富的结构，以适应复杂事物和复杂世界的描述需求。可以把结构化表示视为一阶谓词逻辑表示方法的变种，由于知识以事物（对象）为单位集中存放，便于通过关系弧描述事物间的关联，清晰地刻画事物的抽象模型，建立层次分类体系，实现继承机制。结构化表示特别适合于知识的高级存取和维护，但不便于表示启发式关联知识，将结构化表示法和非结构化表示法相结合，可以互相补充，综合优势。

目前的知识表示一般都是从具体应用中提出的，后来虽然不断发展变化，但是仍然偏重于实际应用，缺乏严格的知识表示理论。而且，由于这些知识表示方法都是面向领域知识的，对于常识性知识的表示仍没有取得大的进展，是一个亟待解决的问题。

知识表示对专家系统十分重要。知识可以用许多种方法来分类，例如，先验知识和后验知识，过程的、说明的和缺省的知识。逻辑方法、框架、语义网络是专家系统中常用的知识表示方法。每一种知识表示方法都有优缺点，在设计一个基于知识的系统前，应决定选用哪种方法可以更好地解决问题。与其用一个工具去解决所有的问题，不如对特定的问题选用最合适的工具。

思考与练习

1. 设有下列语句，请用相应的谓词公式把它们表示出来：

(1) 有的人喜欢篮球，有的人喜欢排球，有的人既喜欢篮球又喜欢排球。

(2) 他每天下午都去玩足球。

(3) 喜欢玩篮球的人必喜欢玩排球。

2. 用语义网络表示下列知识：

(1) 所有的鸽子都是鸟。

(2) 所有的鸽子都有翅膀。

(3) 信鸽是一种鸽子，它有翅膀。

3. 对下列命题分别写出它的语义网络：

(1) 每个学生都有多本书。

(2) 李老师从2月至7月给自动化专业讲“自动控制原理”课程。

(3) 王晓萍是上海工程技术大学的教师，她30岁，住在广富林街68号。

4. 把下列命题用一个语义网络表示出来：

(1) 猪和羊都是动物。

(2) 猪和羊都是偶蹄动物和哺乳动物。

(3) 野猪是猪，但生长在森林中。

(4) 山羊是羊，且头上长着角。

(5) 绵羊是一种羊，它能生产羊毛。

5. 有一农夫带一匹狼、一只羊和一筐菜欲从河的左岸乘船到右岸，但受到下列条件的限制：

(1) 船太小，农夫每次只能带一样东西过河。

(2) 如果没有农夫看管，则狼要吃羊，羊要吃菜。

设计一个过河方案，使得农夫、狼、羊都能不受损失地过河，画出相应的状态空间图。

提示：①用四元组（农夫，狼，羊，菜）表示状态，其中每个元素都为0或1，用0表示在左岸，用1表示在右岸；② 把每次过河的一种安排作为一种操作，每次过河都必须有农夫，因为只有他可以划船。

第 3 章

确定性推理

第 2 章研究的是知识表示方法。表示问题是为了进一步解决问题。从问题表示到问题的解决，有个求解的过程，也就是搜索过程。本章首先讨论解决简单问题的搜索技术，然后讨论求解复杂问题的推理技术。

3.1 图搜索策略

状态空间法用图结构来描述问题的所有可能状态，其问题的求解过程转化为在状态空间图中寻找一条从初始节点到目标节点的路径。

可把图搜索控制策略看成一种在图中寻找路径的方法。在搜索过程中涉及的数据结构除了图本身外，还需要两个辅助的数据结构，即存放已访问但未扩展节点的 OPEN 表和存放已扩展节点的 COLSED 表。搜索的过程就是从隐式的状态空间图不断生成显式的搜索图和搜索树，最终找到路径的过程。

图中每个节点的数据结构参考如图 3 - 1 所示，一个节点的数据结构包含 5 个域，其中 STATE 为节点所表示状态的基本信息；PARENT NODE 为指针域，指向当前节点的父节点；ACTION 为从父节点表示的状态转换为当前节点状态所使用的操作；DEPTH 为当前节点在搜索树中的深度；PATH COST 为从起始节点到当前节点的路径代价。

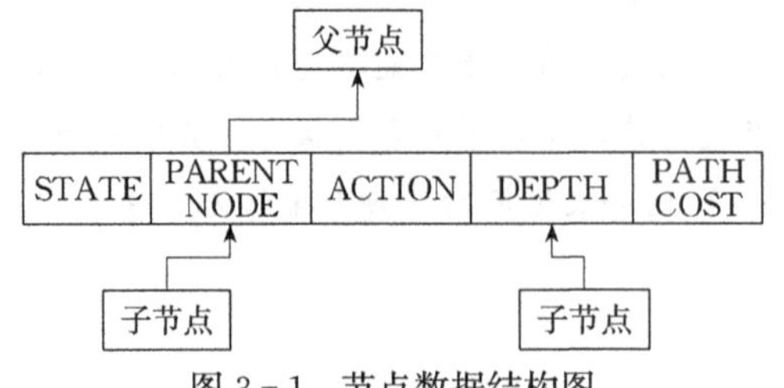

图 3 - 1　节点数据结构图

图搜索过程可用图 3－2 所示的程序流程图来表示。

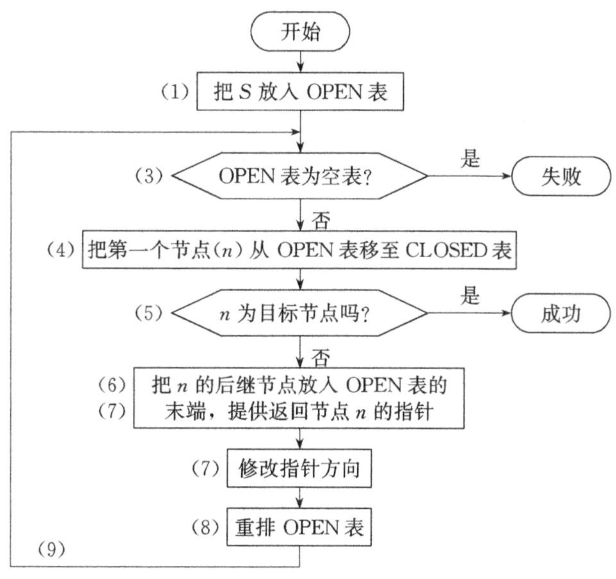

图 3－2　图搜索过程流程图

图搜索的一般过程如下：

(1) 建立一个只含有起始节点 S 的搜索图 G，把 S 放到一个 OPEN 表中。

(2) 初始化 CLOSED 表为空表。

(3) LOOP：若 OPEN 表是空表，则失败退出。

(4) 选择 OPEN 表上的第一个节点，把它从 OPEN 表移出并放入 CLOSED 表中。称此节点为 n。

(5) 若 n 为一目标节点，则有解并成功退出，此解是追踪图 G 中沿着指针从 n 到 S 这条路径得到的。

(6) 扩展节点 n，生成后继节点集合 M。

(7) 对未在 G 中出现过的 M 成员设置其父节点指针指向 n 并加入 OPEN 表。对已在 OPEN 表或 COLSED 表中出现过的每一个 M 成员，确定是否需要将其父节点更改为 n。对已在 CLOSED 表上的 M 成员，若修改了其父节点，则将该节点从 CLOSED 表中移出，重新加入 OPEN 表中。

(8) 按某一任意方式或试探值，重排 OPEN 表。

(9) 转第 (3) 步。

3.2　盲目搜索

不需要重排 OPEN 表的搜索称为盲目搜索，包括宽度优先搜索、深度优先搜索和等代价搜索。

1. 宽度优先搜索

如果搜索是以接近起始节点的程度依次扩展节点的，则称为宽度优先搜索，如图 3-3 所示。这是一种高代价搜索，但如果有解，一定能找出。

宽度优先搜索算法如下：

(1) 把起始节点放到 OPEN 表中（如果该起始节点为一目标节点，则求得一个解答）。

(2) 如果 OPEN 表是空表，则没有解，失败退出；否则继续。

(3) 把第一个节点（节点 n）从 OPEN 表移出，并把它放入 CLOSED 表的扩展节点表中。

(4) 扩展节点 n。如果没有后继节点，则转向第 (2) 步。

(5) 把 n 的所有后继节点放到 OPEN 表的末端，并提供从这些后继节点回到 n 的指针。

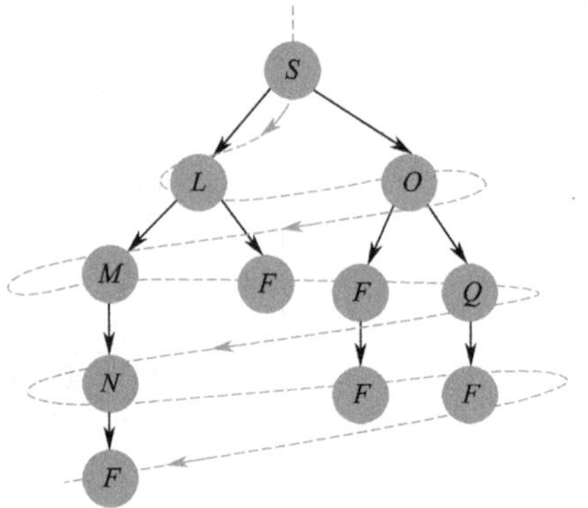

图 3-3　宽度优先搜索示意图

(6) 如果 n 的任一后继节点是个目标节点，则找到一个解答，成功退出；否则转向第 (2) 步。

上述宽度优先算法流程图如图 3-4 所示。

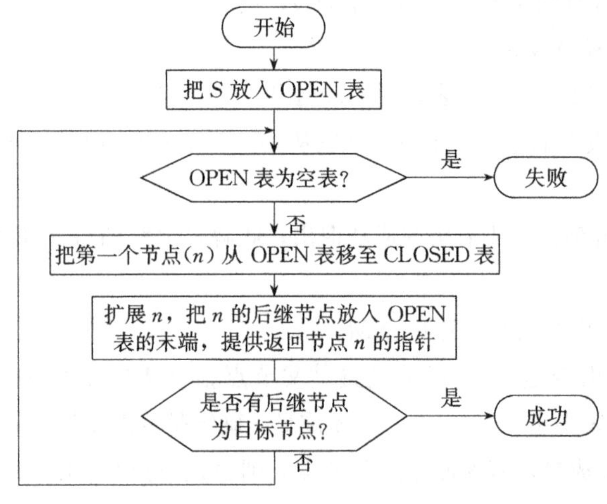

图 3-4　宽度优先算法流程图

在宽度优先搜索中，节点进出 OPEN 表的顺序是先进先出，因此 OPEN 表是一个队列结构。

图 3-5(a) 给出了把宽度优先搜索应用于八数码难题时所生成的搜索树。这个问题的初始状态和目标状态如图 3-5(b) 所示。

搜索树上的所有节点都标记它们所对应的状态描述，每个节点旁边的数字表示节点扩展的顺序（按顺时针方向移动空格）。

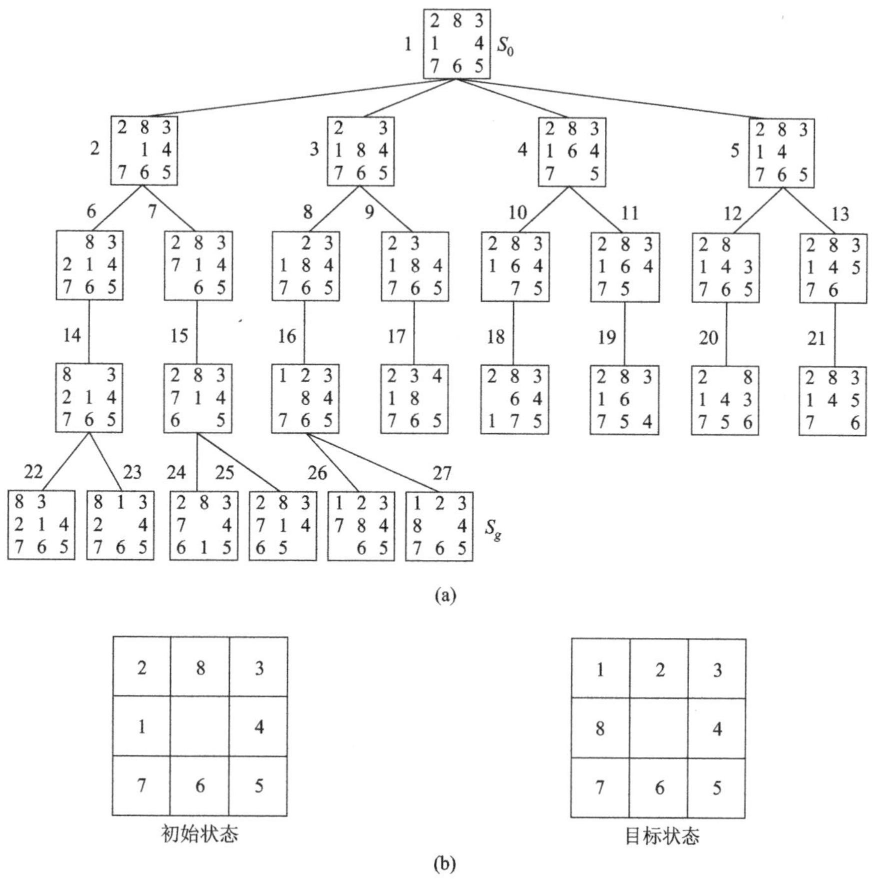

图 3 - 5　八数码难题的宽度优先搜索树

2. 深度优先搜索

另一种盲目搜索是深度优先搜索。在深度优先搜索中，首先扩展最新产生的节点，如图 3 - 6 所示。深度相等的节点可以任意排列。定义节点的深度如下：

（1）起始节点（即根节点）的深度为 0。

（2）任何其他节点的深度等于其父节点深度加 1。

一般为了防止搜索过程沿着无意义的路径扩展下去，往往给出节点扩展的最大深度——深度界限。

含有深度界限的深度优先搜索算法如下：

（1）把起始节点放到 OPEN 表中（如果该起始节点为一目标节点，则求得一个解答）。

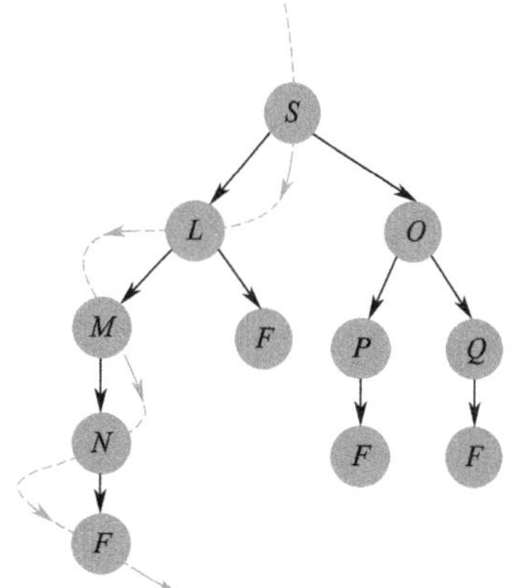

图 3 - 6　深度优先搜索示意图

（2）如果 OPEN 表是空表，则没有解，失败退出；否则继续。

（3）把第一个节点（节点 n）从 OPEN 表移出，并把它放入 CLOSED 表的扩展节点表中。

(4) 如果节点 n 的深度等于最大深度，则转向第 (2) 步。

(5) 扩展节点 n，产生其全部后裔，并把它们放入 OPEN 表的前头。如果没有后继节点，则转向第 (2) 步。

(6) 如果 n 的任一后继节点是个目标节点，则找到一个解答，成功退出；否则转向第 (2) 步。

有界深度优先搜索算法的程序流程图如图 3-7 所示。深度优先算法中，节点进出 OPEN 表的顺序是后进先出，OPEN 表是一个栈。

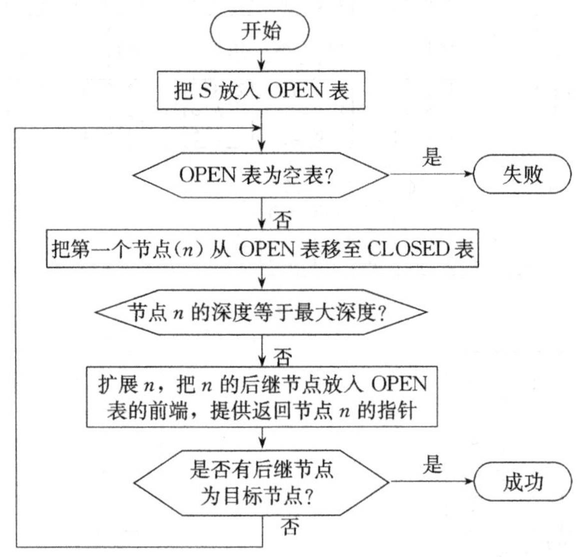

图 3-7 有界深度优先搜索算法流程图

图 3-8 所示为按深度优先搜索生成的八数码难题搜索树，其中，深度界限设置为 4。

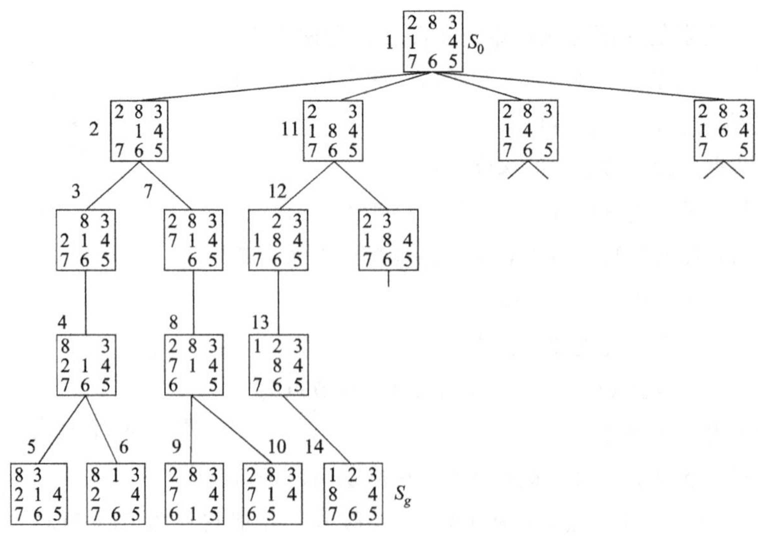

图 3-8 八数码难题的深度优先搜索树

3. 等代价搜索

对于很多问题来说，应用算符序列最少的解往往并不是想要的解，也不等同于最优解。通常人们希望找的是问题具有某些特性的解，尤其是最小代价解。在等代价搜索算法中，不是沿着等长度路径断层进行扩展，而是沿着等代价路径断层进行扩展。

把从节点 i 到它的后继节点 j 的连接弧线代价记为 $c(i, j)$，把从起始节点 S 到任一节点 i 的路径代价记为 $g(i)$。等代价搜索算法以 $g(i)$ 的递增顺序扩展其节点。

等代价搜索算法如下：

(1) 把起始节点 S 放到 OPEN 表中。如果该起始节点为一目标节点，则求得一个解答，否则令 $g(S)=0$。

(2) 如果 OPEN 表是空表，则没有解，失败退出；否则继续。

(3) 从 OPEN 表中选择一个节点 i，使其 $g(i)$ 为最小。如果有几个节点都合格，那么就要选择一个目标节点作为节点 i（如果有目标节点）；否则就从中任意选择一个作为节点 i。把节点 i 从 OPEN 表移至 CLOSED 表中。

(4) 如果节点 i 为目标节点，则求得一个解。

(5) 扩展节点 i。如果没有后继节点，则转向第 (2) 步。

(6) 对于节点 i 的每个后继节点 j，计算 $g(j)=g(i)+c(i, j)$，并把所有后继节点 j 放进 OPEN 表，提供回到节点 i 的指针。

(7) 转向第 (2) 步。

等代价搜索算法的程序流程图如图 3－9 所示。

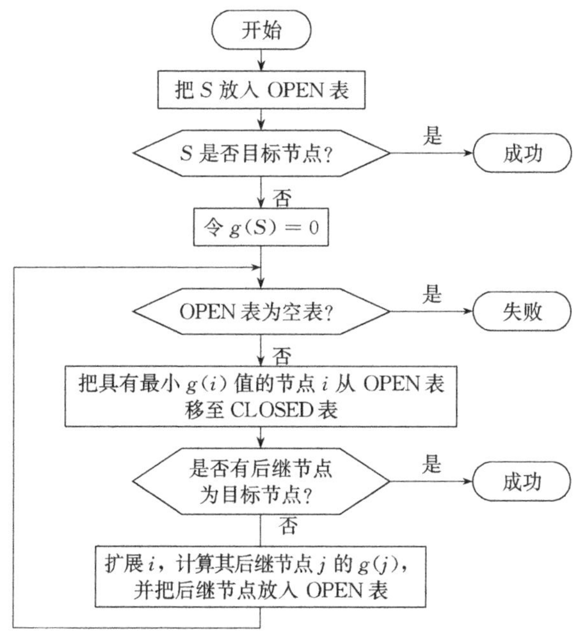

图 3－9　等代价搜索算法流程图

3.3 启发式搜索

启发式搜索又称有知识搜索，它是在搜索中利用与应用领域有关的启发性知识来控制搜索路线的一种搜索方法。

启发式搜索利用启发信息来决定哪个是下一步要扩展的节点。这种搜索总是选择“最有希望”的节点作为下一个被扩展的节点。这就避免了无效搜索，提高了搜索速度。

用符号 f 来标记估价函数，用 $f(n)$ 表示节点 n 的估价函数值。

应用某个算法选择 OPEN 表上具有最小 f 值的节点作为下一个被扩展的节点。这种搜索方法称为有序搜索或最佳有限搜索。

1. 有序搜索

一个节点的希望程度越大，其估价函数值就越小。被选为优先扩展的节点，是估价函数值最小的节点。

有序搜索算法如下：

（1）把起始节点 S 放到 OPEN 表中，计算 $f(S)$ 并把其值与 S 联系起来。

（2）若 OPEN 表是空表，则失败退出。

（3）从 OPEN 表中选择一个 f 值最小的节点 i。如果有几个节点合格，当其中有一个是目标节点时，则选此目标节点，否则，就选择其中任一节点作为节点 i。

（4）把节点 i 从 OPEN 表移出并放入 CLOSED 表中。

（5）如果节点 i 是一个目标节点，则成功退出。

（6）扩展节点 i，生成其全部后继节点。对于 i 的每一个后继节点 j：

①计算 $f(j)$。

②如果 j 即不在 OPEN 表中，又不在 COLSED 表中，则利用估价函数 f 把它添入 OPEN 表。从 j 加一指向其父节点 i 的指针。

③如果 j 已在 OPEN 表或 COLSED 表中，比较刚计算的 f 值和前面计算过的该节点的 f 值。如果新的 f 值较小，则

a. 以此新值取代旧值。

b. 从 j 指向 i。

c. 如果节点 j 在 COLSED 表中，把它移回 OPEN 表。

（7）转向第（2）步。

有序搜索程序流程图如图 3－10 所示。

【例 3.1】 八数码难题。

对于图 3－11 所示八数码难题，选择估价函数：

$$f(n)=d(n)+W(n)$$

其中，$d(n)$是搜索树中节点 n 的深度；$W(n)$是节点 n 相对于目标棋局放错的棋子的个数。

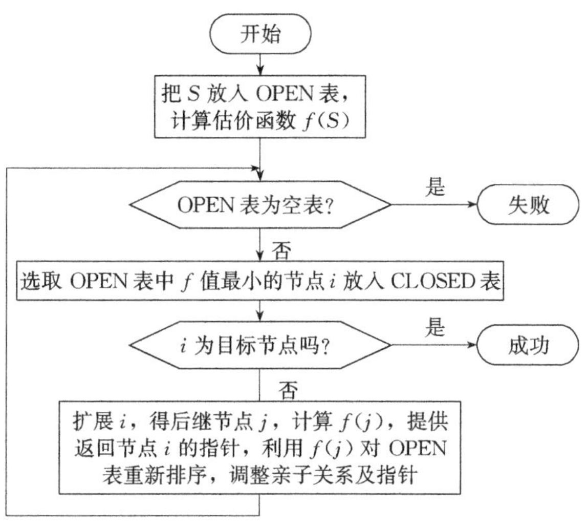

图 3－10　有序搜索程序流程图

在这种估价函数定义下，图 3－11 所示八数码难题的起始节点的 f 值为 $0+3=3$。

图 3－12 所示为利用这个估价函数把有序搜索应用于八数码难题的结果。图中圆圈内的数字表示该节点的 f 值，不带圆圈的数字表示节点扩展的顺序。从图 3－12 中可以看出，应用估价函数显著地减少了被扩展的节点数。如果估价函数为 $f(n)=d(n)$，就得到宽度优先搜索算法。

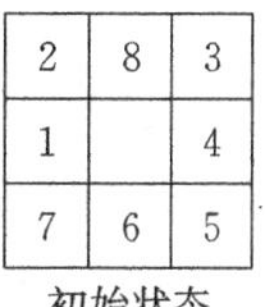

初始状态

目标状态

图 3－11　八数码难题

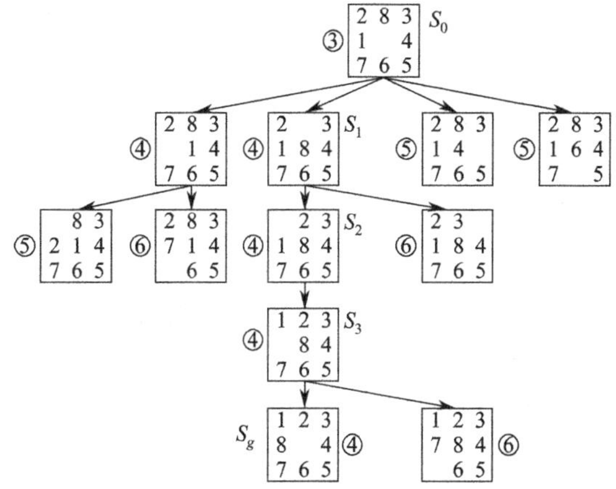

图 3－12　八数码难题的有序搜索树

2. A* 算法

对于一个节点 n 的估价函数值 $f(n)$ 能估算出从初始节点 S 到节点 n 的最小路径代价和从节点 n 到目标节点的最小路径代价之和，也就是说，一个节点 n 的估计函数通常由两部分构成：从初始节点到当前节点 n 的路径代价 $g(n)$ 以及从当前节点 n 到目标节点的期望代价 $h(n)$。

则估价函数可表示为

$$f(n)=g(n)+h(n)$$

这两部分里，$g(n)$通常是比较明确的，容易得到；而$h(n)$难以构造，也没有固定的模式，需要根据具体问题分析。

在讨论 A^* 算法前，先给出下列定义：

(1) $g^*(n)$：从 s 到 n 的最短路径代价值；

(2) $h^*(n)$：从 n 到 g 的最短路径代价值；

(3) $f^*(n)=g^*(n)+h^*(n)$ ：从 s 经过 n 到 g 的最短路径代价值。

$f(n)$、$g(n)$和$h(n)$分别为$f^*(n)$、$g^*(n)$和$h^*(n)$的估计值。

定义 3.1 在图搜索算法中，如果重排 OPEN 表是依据 $f(n)=g(n)+h(n)$进行的，则称该过程为 A 算法。

定义 3.2 在 A 算法中，如果对所有 n，存在 $h(n)\leqslant h^*(n)$，则称 $h(n)$为 $h^*(n)$的下界，它表示某种偏于保守的估计。

定义 3.3 采用$h^*(n)$的下界$h(n)$为启发函数的 A 算法，称为 A^* 算法。当 $h=0$ 时，A^* 算法就变为等代价搜索算法。

A^* 算法如下：

(1) 把 S 放入 OPEN 表，记 $f=h$，令 COLSED 表为空表。

(2) 重复下列过程，直到找到目标节点为止。若 OPEN 表为空表，则宣告失败。

(3) 选取 OPEN 表中未设置过的具有最小 f 值的节点作为最佳节点 BESTNODE，并把它移入 COLSED 表。

(4) 若 BESTNODE 为一目标节点，则成功求得一解。

(5) 若 BESTNODE 不是目标节点，则对它进行扩展，产生后继节点 SUCCESSOR。

(6) 对每个 SUCCESSOR 节点，进行下列操作：

①建立从 SUCCESSOR 返回 BESTNODE 的指针。

②计算 g(SUC)$=g$(BES)$+g$(BES，SUC)。

③如果 SUCCESSOR 属于 OPEN，则称此节点为 OLD，并把它添加到 BESTNODE 的后继节点中。

④比较新旧路径代价，如果 g(SUC)$<g$(OLD)，则重新确定 OLD 的父节点为 BESTNODE，记下较小代价 g(OLD)，并修正 f(OLD)值。

⑤若至 OLD 节点的路径代价较低或一样，则停止扩散节点。

⑥若 SUCCESSOR 不在 OPEN 表中，则看其是否在 COLSED 表中。

⑦若 SUCCESSOR 在 COLSED 表中，比较新旧路径代价，如果 g(SUC)$<g$(OLD)，则重新确定 OLD 的父节点为 BESTNODE，记下较小代价 g(OLD)，并修正 f(OLD)值，并将 OLD 从 COLSED 表中移入 OPEN 表中。

⑧若 SUCCESSOR 既不在 OPEN 表中，又不在 CLOSED 表中，则把它放入 OPEN 表中，并加入 BESTNODE 的后继节点中，然后转向第（7）步。

(7) 计算 f 值。

(8) 返回第 (2) 步。

A* 算法程序流程图如图 3-13 所示。

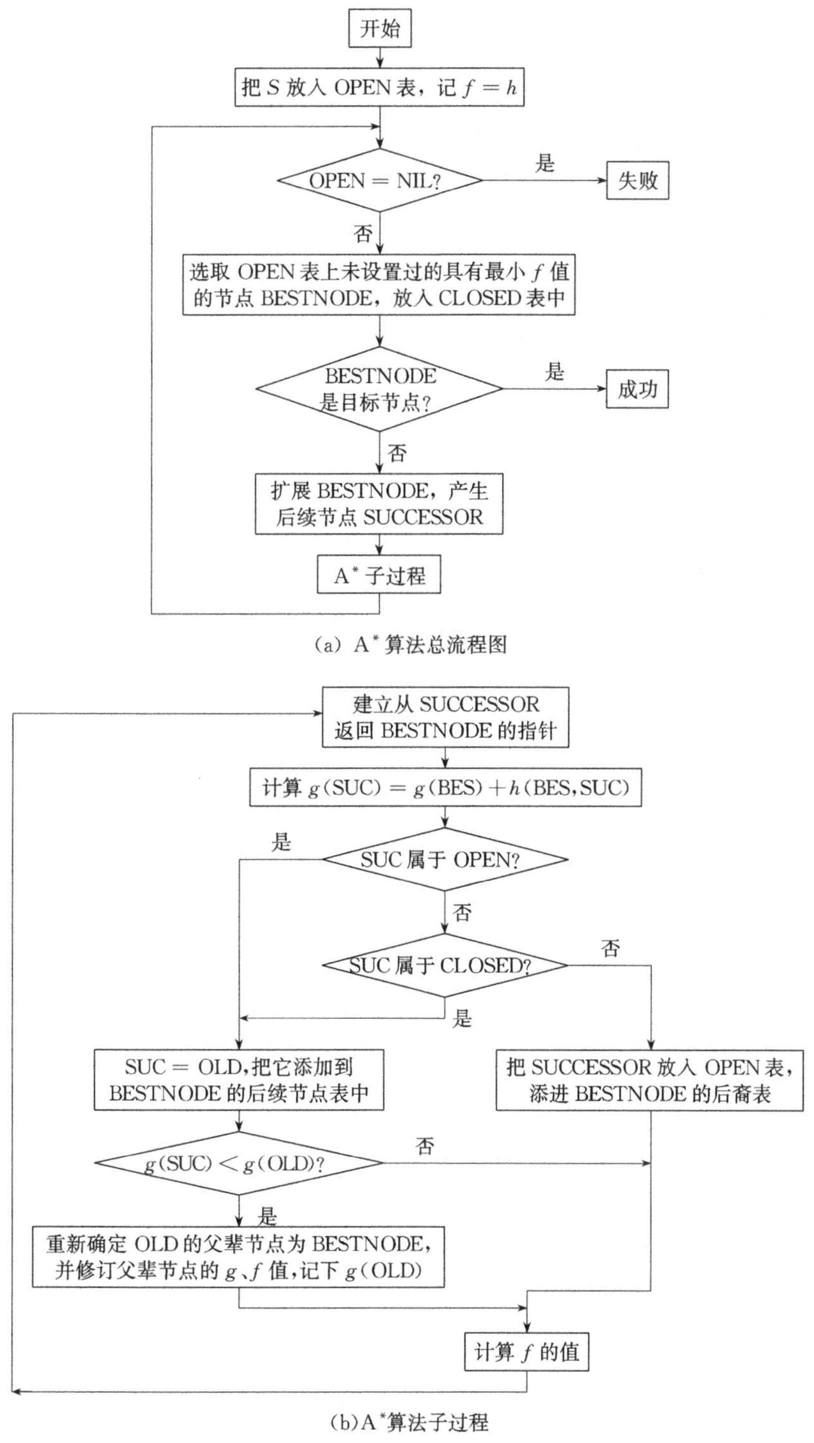

(a) A* 算法总流程图

(b) A* 算法子过程

图 3-13　A* 算法程序流程图

对于图 3-14 所示的八数码难题，定义启发函数 $h(n)$ = 所有数码到目标位置的距离和（曼哈顿距离）。则这样的启发函数定义会比放错的棋子数更好。

在这样的启发函数定义下，每个数码的距离为：数码 1=1，数码 2=1，数码 3=0，数码 4=0，数码 5=0，数码 6=1，数码 7=0，数码 8=2，则起始节点的 f 值为 $f(S_0)=1+1+1+2=5$。

2	8	3
1	6	4
7		5

S_0

1	2	3
8		4
7	6	5

S_g

图 3-14　八数码难题

从图 3-15 可以看到，采用 A^* 算法，仅需要扩展 5 个节点就完成了搜索，极大地提高了搜索效率。图 3-16 所示为节点的 f 值计算和扩展顺序。

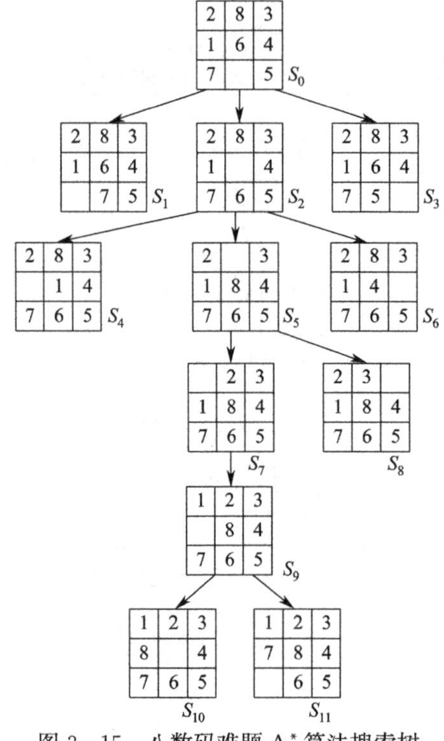

图 3-15　八数码难题 A^* 算法搜索树

OPEN 表

节点	父节点编号	$f(n)=g(n)+h(n)$		
~~S_0~~	~~ ~~	~~5~~	$0+5$	
S_1	0	7	$1+6$	$h(S_1)=1+1+0+0+0+1+1+2$
~~S_2~~	~~0~~	~~5~~	$1+4$	$h(S_2)=1+1+0+0+0+0+0+2$
S_3	0	7	$1+6$	$h(S_3)=1+1+0+0+1+1+0+2$
S_4	1	7	$2+5$	$h(S_4)=2+1+0+0+0+0+0+2$
~~S_5~~	~~1~~	~~5~~	$2+3$	$h(S_5)=1+1+0+0+0+0+0+1$
S_6	1	7	$2+5$	$h(S_6)=1+1+0+1+0+0+0+2$
~~S_7~~	~~2~~	~~5~~	$3+2$	$h(S_7)=1+0+0+0+0+0+0+1$
S_8	2	7	$3+4$	$h(S_8)=1+1+1+0+0+0+0+1$
~~S_9~~	~~3~~	~~5~~	$4+1$	$h(S_9)=0+0+0+0+0+0+0+1$
~~S_{10}~~	~~4~~	~~5~~	$5+0$	$h(S_{10})=0+0+0+0+0+0+0+0$
S_{11}	4	7	$5+2$	$h(S_{11})=0+0+0+0+0+0+1+1$

(a)OPEN 表中节点的 f 值计算　　　　(b)节点的 $h(n)$ 计算

图 3-16　A^* 算法节点的 f 值计算和扩展顺序

CLOSED 表

编号	节点	父节点编号	$f(n)=g(n)+h(n)$
0	S_0		5
1	S_2	0	5
2	S_5	1	5
3	S_7	2	5
4	S_9	3	5
5	S_{10}	4	5

(c)A* 算法节点扩展顺序

图 3-16　A* 算法节点的 f 值计算和扩展顺序(续)

3.4　消 解 原 理

消解是一种可用于一定的子句公式的重要推理规则。子句定义为由文字的析取组成的公式（原子公式和原子公式的否定都称为文字）。当消解可使用时，消解过程应用于母体子句对，产生一个导出子句。例如，如果存在某个公理 $E_1 \vee E_2$ 和另一个公理 $\sim E_2 \vee E_3$，那么，$E_1 \vee E_3$ 在逻辑上成立，这就是消解，而称 $E_1 \vee E_3$ 为 $E_1 \vee E_2$ 和 $\sim E_2 \vee E_3$ 的消解式。

1. 子句集的求取

任一谓词演算公式都可以化为一个子句集，变换过程如下：

(1) 消去蕴含符号。

应用 ∨ 和 ～ 符号，以 $\sim A \vee B$ 代替 $A \rightarrow B$。

(2) 减少否定符号的辖域。

反复应用德·摩根定律，使每个否定符号～只用到一个谓词符号上。例如：

以 $\sim A \vee \sim B$ 代替 $\sim(A \wedge B)$；

以 $\sim A \wedge \sim B$ 代替 $\sim(A \vee B)$；

以 A 代替 $\sim(\sim A)$；

以 $(\exists x)(\sim A)$ 代替 $\sim(\forall x)A$；

以 $(\forall x)(\sim A)$ 代替 $\sim(\exists x)A$。

(3) 对变量标准化。

在任一量词辖域内，受该量词约束的变量为一哑元（虚构变量）。合式公式中变量的标准化就是对哑元改名，以保证每个量词有其唯一的哑元。例如，把

$$(\forall x)(P(x) \wedge (\exists x)Q(x))$$

标准化，得到

$$(\forall x)(P(x) \wedge (\exists y)Q(y))$$

(4) 消去存在量词。

在公式 $(\forall y)((\exists x)P(x, y))$ 中，存在量词是在全称量词的辖域内，则存在的 x 可能依赖于 y 值。令这种依赖关系明显地由函数 $g(y)$ 定义，它把每个 y 值映射到存在的那个 x，

这种函数称为 Skolem 函数。如果用 Skolem 函数代替存在的 x，就可以消去存在量词，则前面的公式可写成

$$(\forall y)P(g(y),y)$$

从一个公式中消去存在量词的规则是：以 Skolem 函数代替出现的存在量词的量化变量，而这个 Skolem 函数的变量就是那些全称量词所约束的量化变量。Skolem 函数所使用的函数符号必须是新的，即不允许使用公式中已经出现过的函数符号。

如果要消去的存在量词不在任何一个全称量词的辖域内，就用不含变量的 Skolem 函数即常量代替。例如，$(\exists x)P(x)$ 化为 $P(A)$，其中常量符号 A 表示人们知道的存在实体。A 必须是个新的常量符号，它未曾在公式中其他地方使用过。

(5) 化为前束形。

把所有全称量词移到公式的左边，并使每个量词的辖域包括这个量词后面公式的整个部分。前束形公式由前缀和母式组成，前缀由全称量词串组成，母式由没有量词的公式组成，即

$$\text{前束形}=\underset{\text{全称量词串}}{\{\text{前缀}\}}\quad\underset{\text{无量词公式}}{\{\text{母式}\}}$$

(6) 把母式化为合取范式。

任何母式都可以写成由谓词公式和谓词公式的否定的析取的集合组成的合取。这种母式称为合取范式。可以反复应用分配律，把任一母式化成合取范式。

例如，把 $A\vee(B\wedge C)$ 化为 $(A\vee B)\wedge(A\vee C)$。

(7) 消去全称量词。

到了这一步，所有的量词都被全称量词量化了，因此可以消去前缀。

(8) 消去连词符号。

用 $\{A, B\}$ 代替 $(A\wedge B)$，以消去连词符号 $\wedge$。最后得到一个有限集，其中每个公式都是文字的析取。任一个只由文字的析取构成的合式公式称为一个子句。

(9) 更换变量名称。

可以更换变量的名称，使一个变量符号只出现在一个子句中。

2. 消解推理规则

令 L_1 为任一原子公式，L_2 为另一原子公式，L_1 和 L_2 具有相同的谓词符号，但一般具有不同的变量。已知两子句 $L_1\vee\alpha$ 和 $\sim L_2\vee\beta$，如果 L_1 和 L_2 具有最一般合一者 σ，那么通过消解可以从这两个父辈子句推导出一个新子句 $(\alpha\vee\beta)\sigma$。这个新子句称为消解式，它是由两个父辈子句的析取消去互补文字而得到的。

下面是几个从父辈子句求消解式的例子：

【例 3.2】 假言推理。

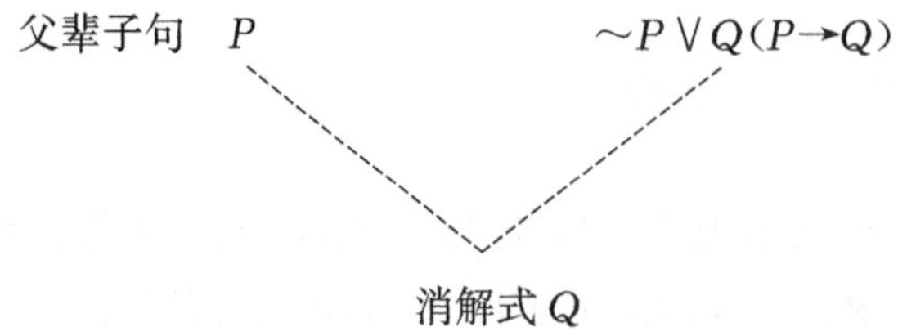

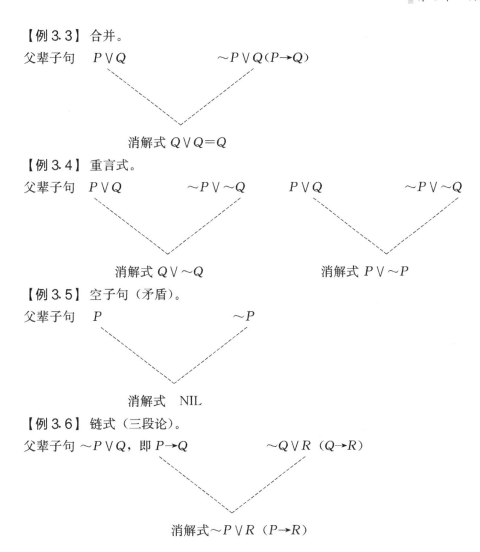

【例 3.3】合并。

父辈子句　$P \vee Q$　　　$\sim P \vee Q (P \to Q)$

消解式 $Q \vee Q = Q$

【例 3.4】重言式。

父辈子句　$P \vee Q$　　　$\sim P \vee \sim Q$　　　$P \vee Q$　　　$\sim P \vee \sim Q$

消解式 $Q \vee \sim Q$　　　消解式 $P \vee \sim P$

【例 3.5】空子句（矛盾）。

父辈子句　P　　　$\sim P$

消解式　NIL

【例 3.6】链式（三段论）。

父辈子句 $\sim P \vee Q$，即 $P \to Q$　　　$\sim Q \vee R$（$Q \to R$）

消解式$\sim P \vee R$（$P \to R$）

3. 含有变量的消解式

上述推理规则可推广到含有变量的子句。为了对含有变量的子句使用消解规则，有时需要找到一个置换作用于父辈子句，使其含有互补文字。

【例 3.7】　$B(x)$　　　$B(x) \vee C(x)$

$C(x)$

【例 3.8】　$P(x) \vee Q(x)$　　　$\sim Q(f(y))$

置换 $\sigma = (f(y)/x)$

$P(f(y))$

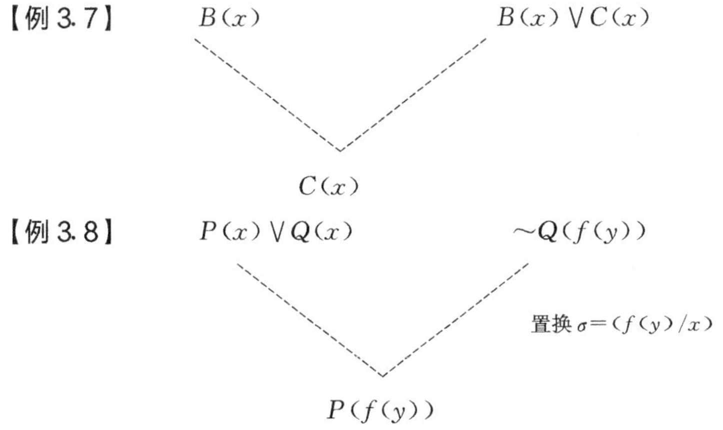

【例 3.9】 $P(x, f(y)) \vee Q(x) \vee R(f(a), y)$　　$\sim P(f(f(a)), z) \vee R(z, w)$

置换 $s=(f(f(a))/x, f(y)/z)$

$Q(f(f(a))) \vee R(f(a), y) \vee R(f(y), w)$

4. 消解反演求解过程

可以把要解决的问题作为一个要证明的问题，通过消解反演得到证明。要证明某个命题，可以把其目标公式进行否定并化为子句形，然后添加到命题公式集中，对联合集应用消解推理，并推导出一个空子句（NIL），若产生矛盾，则使命题得到证明。这种消解反演的证明思想，与数学中反证法的思想十分相似。

给出一个公式集 S 和目标公式 L，通过消解反演来求证目标公式的步骤如下：

(1) 否定 L，得 $\sim L$。

(2) 把 $\sim L$ 添加到 S 中去。

(3) 把新的集合 $\{\sim L, S\}$ 化为子句集。

(4) 应用消解原理，力图推导出一个表示矛盾的空子句。

【例 3.10】 某公司招聘工作人员，A、B、C 三人应试。经面试后公司表示如下想法：

(1) 三人中至少录取一人。

(2) 如果录取 A 而不录取 B，则一定录取 C。

(3) 如果录取 B，则一定录取 C。

求证：公司一定录取 C。

证明：谓词 $P(x)$ 表示公司录取 x。

将已知条件表示如下：

①$P(A) \vee P(B) \vee P(C)$；

②$(P(A) \wedge \sim P(B)) \rightarrow P(C)$；

③$P(B) \rightarrow P(C)$。

结论的否定式如下：

④$\sim P(C)$。

将上述 4 个公式化为子句集：

①$P(A) \vee P(B) \vee P(C)$；

②$\sim P(A) \vee P(B) \vee P(C)$；

③$\sim P(B) \vee P(C)$；

④$\sim P(C)$。

应用消解原理（见图 3-17）：

得证，公司一定录取 C。

5. 反演求解过程

从反演树求取对某个问题的回答，其过程如下：

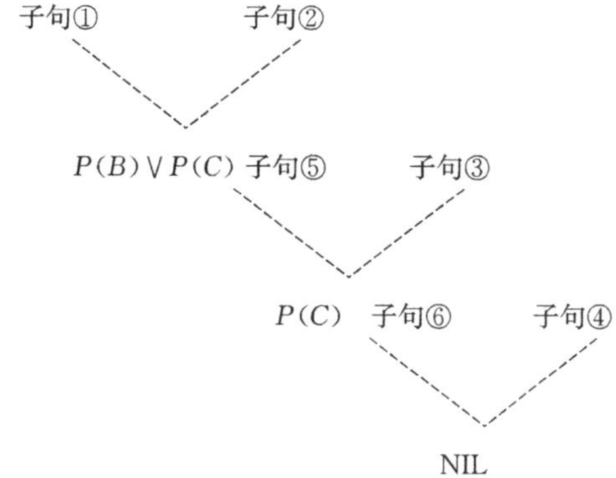

图 3－17　招聘人员问题反演树

(1) 把已知前提条件用谓词公式表示出来，并且化为子句集 S。

(2) 把待求解的问题用谓词公式表示出来，然后将其否定，并与谓词公式 ANSWER 构成析取式。将析取式化为子句集，并将该子句集并入子句集 S 中，得到子句集 S'。其中，ANSWER 是一个为了求解问题而专设的谓词，其变元必须与谓词公式中的变元一致。

(3) 对子句集 S'应用消解原理进行消解。

(4) 若得到消解式 ANSWER，则答案就在 ANSWER 中。

【例 3.11】 已知下列事实：

(1) 王喜欢吃所有种类的食物。

(2) 苹果是食物。

(3) 任何一个东西，如果任何人吃了它都不会被害死，则该东西是食物。

(4) 李吃花生且仍然活着。

问：王喜欢吃什么？

解： 定义谓词及个体：

①$\mathrm{Food}(x)$：　　x 是食物；

②$\mathrm{Like}(x,y)$：　　x 喜欢吃 y；

③$\mathrm{Eat}(x,y)$：　　x 吃 y；

④$\mathrm{Alive}(x)$：　　x 活着。

个体：王 Wang　李 Li　苹果 Apple　花生 Peanuts

将已知事实用谓词公式表示：

①$(\forall x)\mathrm{Food}(x) \rightarrow \mathrm{Like}(\mathrm{Wang},x)$

②$\mathrm{Food}(\mathrm{Apple})$

③$(\forall x)(\forall y)(\mathrm{Eat}(x,y) \wedge \mathrm{Alive}(x) \rightarrow \mathrm{Food}(y))$

④$\mathrm{Eat}(\mathrm{Li},\ \mathrm{Peanuts}) \wedge \mathrm{Alive}(\mathrm{Li})$

化子句集：

①$\mathrm{Food}(x) \vee \mathrm{Like}(\mathrm{Wang},x)$

②$\mathrm{Food}(\mathrm{Apple})$

③$\sim\mathrm{Eat}(y,z) \vee \sim\mathrm{Alive}(y) \vee \mathrm{Food}(z)$

④Eat(Li,Peanuts)

⑤Alive(Li)

⑥～Like(Wang,u) ∨ ANSWER(u)

将子句集进行消解，如图 3－18 所示。

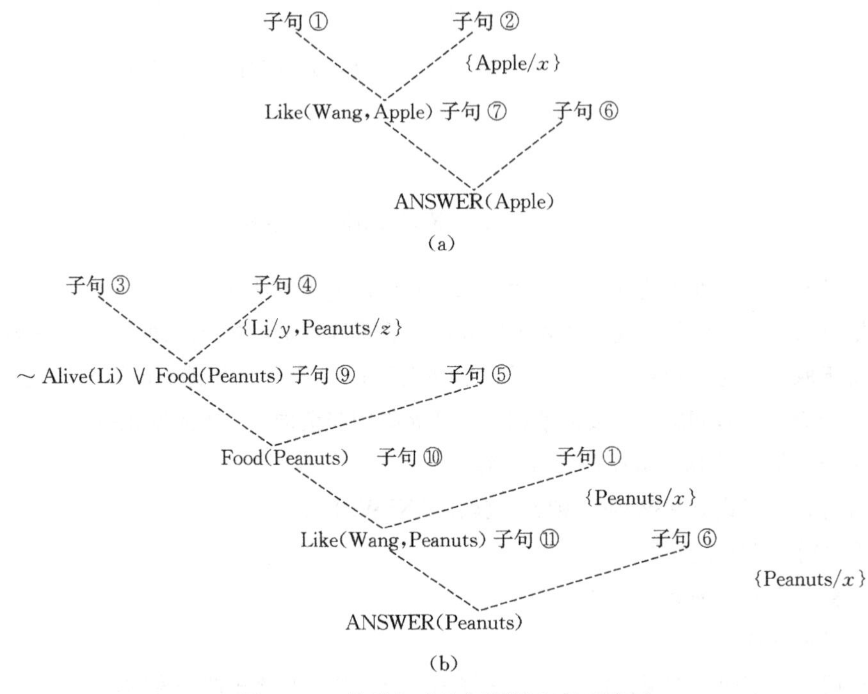

图 3－18　从消解求取问题答案的反演树

问题的答案：王喜欢吃苹果和花生。

3.5　规则演绎系统

对于许多比较复杂的习题系统和问题，需要应用一些更先进的推理技术和系统（如规则演绎系统、产生式系统、系统组织技术、不确定性推理等）。

对于许多公式来说，子句形是一种低效率的表达式，因为一些重要信息可能在求取子句形过程中丢失，本节采用 if…then 规则来求解问题。

保留蕴含式，将其作为推理规则，用于直接推导目标公式，不仅符合人的自然思维方式，也能通过规则（作为启发式知识）更有效地引导演绎推理过程。

1. 规则正向演绎系统

在基于规则的系统中，无论是规则演绎系统或规则产生式系统，均有两种推理方式，即正向推理（forward reasoning）和逆向推理（backward reasoning）。对于从 if 部分向 then 部分推理的过程，称为正向推理。正向推理就是从事实出发，应用规则不断推导出中间结果作为新的事实，直到推导出目标公式。反之，对于从 then 部分向 if 部分推理的过程，称为逆向推理。逆向推理就是从目标公式出发，逆向应用规则不断推导出子目标，直到所有子目标就是给定的事实为止。

（1）事实表达式的与或形变换。

规则正向演绎系统要求已知事实用不含蕴含符号的与或形表示。把一个公式化为与或形的步骤见上节。

例如，有事实表达式：

$$(\exists u)(\forall v)(Q(v,u) \wedge \sim(R(v) \vee P(v) \vee \sim S(u,v)))$$

把它化为

$$Q(v,A) \wedge ((\sim R(v) \wedge \sim P(v)) \vee \sim S(A,v))$$

对变量更名标准化，使得同一变量不出现在事实表达式的不同主要合取式中。更名后的表达式为

$$Q(w,A) \wedge ((\sim R(v) \wedge \sim P(v)) \vee \sim S(A,v))$$

必须注意到 $Q(v, A)$ 中的变量 v 可用新变量 w 代替，而合取式 $(\sim R(v) \wedge \sim P(v))$ 中的变量 v 却不可更名，因为变量 v 也出现在析取式的后一部分 $\sim S(A, v)$ 中。

（2）事实表达式的与或图表示。

与或形的表达式可用与或图来表示。上述例子中的与或形事实表达式可以用图 3－19 的与或图表示出来。

图 3－19 中，每个节点表示该事实表达式的一个子表达式。事实表达式 $E_1 \vee E_2 \vee \cdots \vee E_k$ 的析取关系子表达式 $E_1, E_2, \cdots, E_k$ 是用后继节点表示的，并由一个 k 线连接符把它们连接到父节点上。事实表达式 $E_1 \wedge E_2 \wedge \cdots \wedge E_k$ 的每个合取子表达式 $E_1, E_2, \cdots, E_k$ 是用单一的后继节点表示的，并由一个单线连接符连接到父节点。

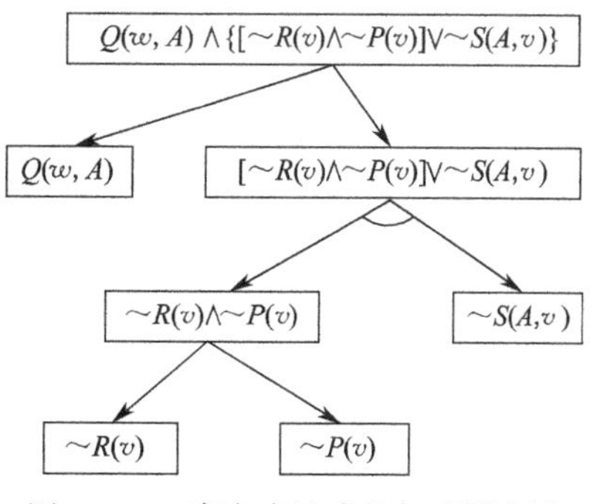

图 3－19 事实表达式的与或图表示

表示某个事实表达式的与或图的叶节点均由表达式中的文字来标记。根节点是标记有整个事实表达式的节点，它在图中没有父节点。由变换公式得到的子句集可从此与或图的解图（叶节点）读出。也就是说，所得到的每个子句是作为解图的各个叶节点上文字的析取。这样，由表达式

$$Q(w,A) \wedge ((\sim R(v) \wedge \sim P(v)) \vee \sim S(A,v))$$

得到的子句集为

$$Q(w,A)$$
$$\sim R(v) \vee \sim S(A,w)$$
$$\sim P(v) \vee \sim S(A,w)$$

上述每个子句都是图 3－19 上解图的叶节点文字的析取。所以，可把与或图看作是对子句集的简洁表示。图 3－19 的与或图是按通常方式画出的，即目标在上面。而一般事实表达式的与或图表示是倒过来画，即把根节点画在最下面，而把后继节点往上画。

（3）与或图的 F 规则变换。

在正向演绎推理中，通常要求规则具有如下形式：

$$L \rightarrow W$$

式中，L 为单文字；W 为与或形唯一公式。假设出现在蕴含式中的任何变量都有全称量化作用于整个蕴含式，这些事实和规则变量被分离标准化，使得没有一个变量出现在一个以上的规则中，而且使规则变量不同于事实变量。

单文字前项的任何蕴含式，不管其量化情况如何，都可以化为量化辖域为整个蕴含式的形式。这个变换过程是首先把存在变量 Skolem 化，然后把全称量词调换到前部。例如，公式

$$(\forall x)(((\exists y)(\forall z)P(x,y,z)) \rightarrow (\forall u)Q(x,u))$$

可以通过下列步骤加以变换：

①暂时消去蕴含符号：

$$(\forall x)(\sim((\exists y)(\forall z)P(x,y,z)) \vee (\forall u)Q(x,u))$$

②减少否定符号的辖域：

$$(\forall x)((\forall y)(\exists z)(\sim P(x,y,z)) \vee (\forall u)Q(x,u))$$

③进行 Skolem 化：

$$(\forall x)((\forall y)(\sim P(x,y,f(x,y))) \vee (\forall u)Q(x,u))$$

④把所有全称量词移至前面，然后消去：

$$\sim P(x,y,f(x,y)) \vee (\forall u)Q(x,u)$$

⑤恢复蕴含式：

$$P(x,y,f(x,y)) \rightarrow (\forall u)Q(x,u)$$

下面用一个自由变量的命题演算情况来说明如何把形式为 $L \rightarrow W$ 的规则应用于与或图。图 3－20 为自由变量的与或图，把规则 $S \rightarrow (X \wedge Y) \vee Z$ 应用到图 3－20 中标有 S 的叶节点上，得到的新的与或图如图 3－21 所示。图中标记 S 的两个节点由一条称为匹配弧的弧线连接起来。

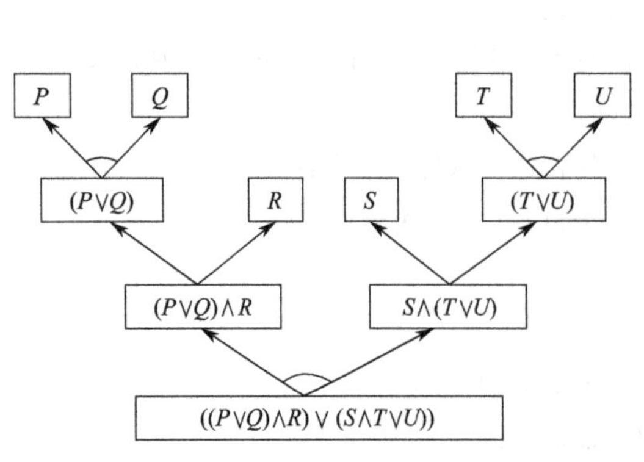

图 3－20　自由变量的与或图

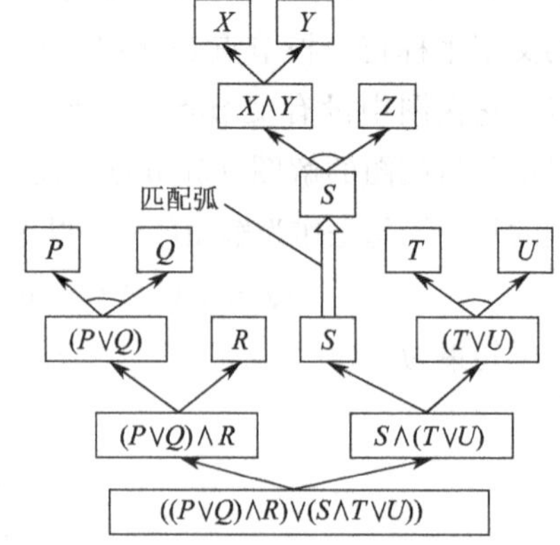

图 3－21　应用 $L \rightarrow W$ 规则得到的与或图

（4）作为终止条件的目标公式。

应用 F 规则的目的在于从某个事实公式和某个规则集出发来证明某个目标公式。在正向

推理系统中，这种目标表达式只限于可证明的表达式。

目标文字和规则可以对与或图添加后继节点，当一个目标文字与该图中文字节点 n 上的一个文字相匹配时，就对该图添加这个节点 n 的新后裔，并标记为匹配的目标文字。当产生一个与或图，并包含有终止在目标节点上的一个解图时，系统就成功退出。

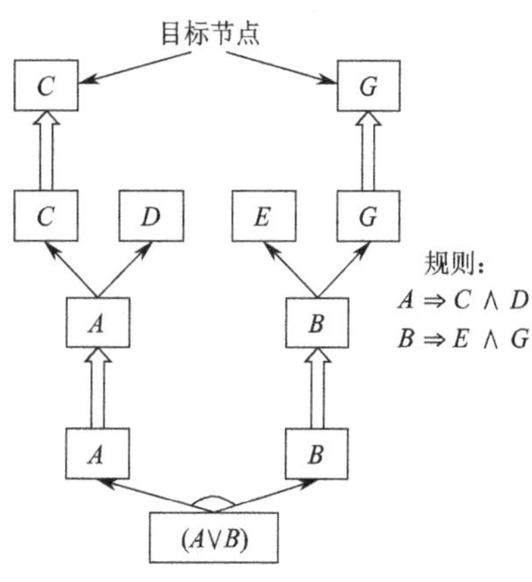

图 3－22　满足终止条件的与或图

图 3－22 给出了一个满足以目标公式($C \vee G$)为终止条件的与或图，可把它解释为用“以事实来推理”的策略对目标表达式($C \vee G$)的一个证明。最初的事实表达式为($A \vee B$)。由于不知道 A 和 B 哪个为真，可以首先假定 A 为真，然后再假定为真，分别进行证明。如果两个证明都成功，那么就得到根据事实($A \vee B$)推出目标公式的一个证明。图 3－22 所示为满足终止条件的与或图。

图 3－22 的例子用消解反演的证明过程如下：

事实：$A \vee B$

规则：$A \rightarrow C \wedge D$，$B \rightarrow E \wedge G$

目标：$C \wedge G$

把规则化为子句形，得

$$\sim A \vee C, \quad \sim A \vee D$$
$$\sim B \vee E, \quad \sim B \vee G$$

目标公式的否定为

$$\sim (C \vee G)$$

其子句形为

$$\sim C, \quad \sim G$$

图 3－23 所示为求用消解反演求证目标公式。

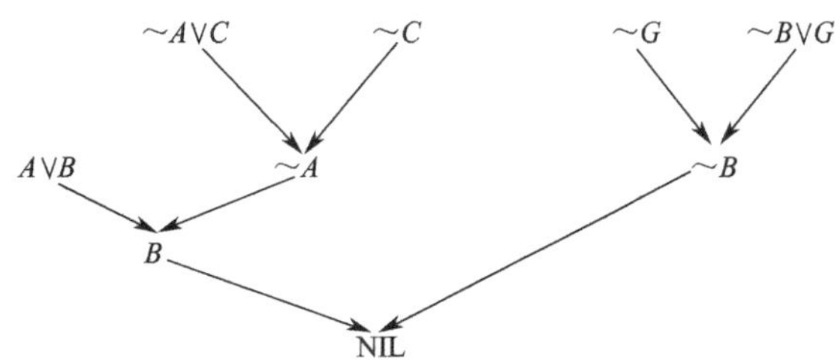

图 3－23　用消解反演求证目标公式的解图

2. 规则逆向演绎系统

基于规则的逆向演绎系统，其操作过程与正向演绎系统相反，即为从目标到事实的推理过程，即从 then 到 if 的推理过程。

（1）目标表达式的与或形式。

逆向演绎系统能够处理任意形式的目标表达式。

例如，目标表达式

$$(\forall y)(\exists x)(P(x)\rightarrow(Q(x,y)\wedge\sim(R(x)\vee S(y))))$$

化为与或形：

$$\sim P(f(y))\vee(Q(f(y),y)\wedge(\sim R(f(y))\vee\sim S(y)))$$

对目标的主要析取式中的变量分离标准化，使每个析取式具有不同的变量：

$$\sim P(f(z))\vee(Q(f(y),y)\wedge(\sim R(f(y))\vee\sim S(y)))$$

应注意不能对析取的子表达式内的变量 y 改名。

与或形的目标公式也可以表示为与或图。不过，与事实表达式的与或图不同的是，目标表达式的与或图中，k 线连接符用来分开合取关系的子表达式。

在目标公式的与或图中，把根节点的任一后裔称为子目标节点，而标在这些后裔节点中的表达式称为子目标。图 3-24 所示为目标公式的与或图表示。

（2）与或图的 B 规则变换。

逆向推理规则为 B 规则，B 规则限制为

$$W\rightarrow L$$

形式的表达式。其中，W 为任一与或形公式，L 为单文字。可以把 $W\rightarrow(L_1\wedge L_2)$ 这样的蕴含式化为两个规则 $W\rightarrow L_1$ 和 $W\rightarrow L_2$。

（3）作为终止条件的事实节点的一致解图。

逆向系统成功的终止条件是与或图包含有某个终止在事实节点上的一致解图。

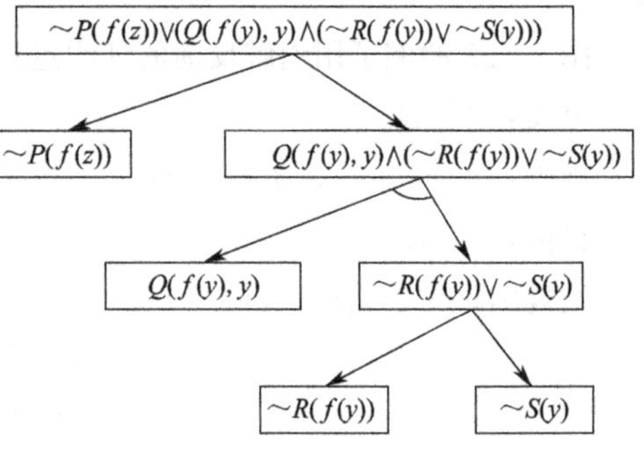

图 3-24 一个目标公式的与或图表示

【例 3.12】 已知如下事实：

F_1：DOG(FIDO)；狗的名字叫 FIDO。

F_2：～BARKS(FIDO)；FIDO 是不叫的。

F_3：WAGS-TAIL(FIDO)；FIDO 摇尾巴。

F_4：MEOWS(MYRTLE)；猫咪的名字叫 MYRTLE。

规则：

R_1：(WAGS-TALL(x_1) ∧ DOG(x_1))→FRIENDLY(x_1)：摇尾巴的狗是温顺的。

R_2：(FRIENDLY(x_2) ∧ ～BARKS(x_2))→～AFRAID(y_2，x_2)：温顺而又不叫的东西是不值得害怕的。

R_3：DOG(x_3)→ANIMAL(x_3)：狗为动物。

R_4：CAT(x_4)→ANIMAL(x_4)：猫为动物。

R_5：MEOWS(x_5)→CAT(x_5)：猫咪是猫。

问题：是否存在这样的一只猫和一条狗，使得这只猫不怕这条狗？

问题的目标表达式为

$$(\exists x)(\exists y)(\mathrm{CAT}(x)\wedge \mathrm{DOG}(y)\wedge\sim \mathrm{AFRAID}(x,y))$$

图 3-25 所示为这个问题的解图。图中，双线框表示事实节点，用规则编号 R_1、R_2 和 R_5 等来标记所对应的规则。解图中有 8 条匹配弧，每条匹配弧上都有一个置换。终止在事实节点前的置换为{MYRTLE/x}和{FIDO/y}。把它应用于目标表达式，就得到该问题的回答语句

(CAT(MYRTLE) ∧ CAT(FIDO) ∧ ～AFRAID(MYRTLE,FIDO))

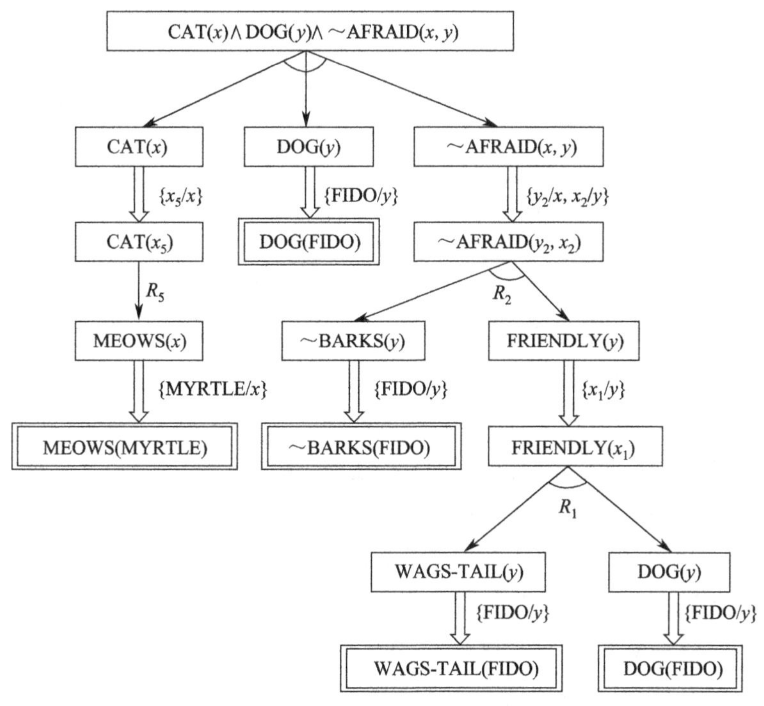

图 3-25 逆向推理的解图

3.6 产生式系统

产生式系统（production system）是美国数学家 Post 于 1943 年提出的。产生式系统用来描述若干不同的以一个基本概念为基础的系统。这个基本概念就是产生式规则或产生式条件和操作对的概念。产生式知识一般如下表示：

```
if 条件 1 and 条件 2 …  and 条件 n,then 结论或动作
```

为表达随时间变化的动态知识，引进一个时间因子嵌入在规则的条件或结论部分中。设 $P(t)$为一时间函数，它在时刻 t 具有确定的值，则有如下规则：

```
if  P(t)>给定误差极限
then  推出结论或执行动作
```

1. 产生式系统的组成

产生式系统由 3 个部分组成（见图 3-26）：产生式规则库（知识库）、总数据库（工作存

储器，综合数据库）和推理机（控制器，规则解释器）。

2. 产生式系统的工作原理

产生式系统的工作周期由匹配、选择和执行 3 个阶段组成，如图 3－27 所示。

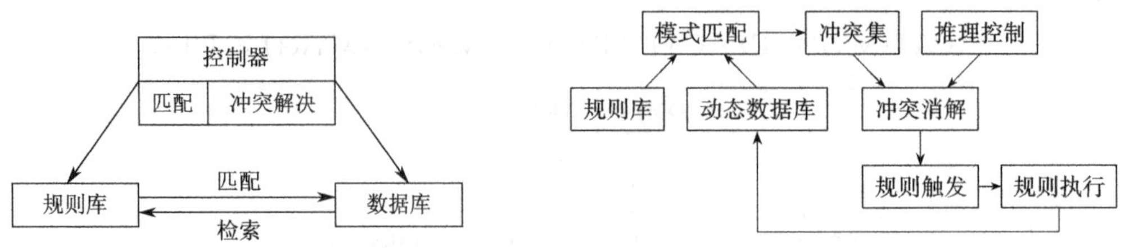

图 3－26　产生式系统的组成

图 3－27　产生式系统的工作原理

当有一条以上的规则的条件部分和当前数据库相匹配时，就需要决定首先使用哪一条规则，这称为冲突消解。冲突消解策略如下：

（1）按匹配成功次序选择：优先选择最先匹配成功的规则。

（2）按优先权选择：优先选择优先权最高的规则。

（3）按详细程度选择：优先选择前提部分描述最详细的规则。

（4）按执行次序选择：优先选择最近执行的规则。

（5）按新事实选择：优先选择与数据库中最新事实有关的规则。

（6）按是否使用过选择：优先选择没有使用过的规则。

3. 产生式系统的推理

按照搜索方向可以把产生式系统分为正向推理和逆向推理。

（1）正向推理：正向使用规则的推理过程。

从初始状态（初始事实/数据）到目标状态（目标条件）的状态图搜索过程，又称数据驱动、自底向上、前向、正向链推理。

正向推理算法：无信息，启发式。

正向推理算法过程：

① 将初始事实置入动态数据库。

②用动态数据库中的事实匹配/测试目标条件，若满足，则推理成功，结束。

③用规则库中各规则的前提匹配动态数据库中事实，将匹配成功的规则组成冲突规则集。

④若冲突规则为空，则运行失败，退出。

⑤用某种冲突消解策略，选出一条规则。

⑥将所选规则的结论加入动态数据库，或者执行其动作，转第②步。

（2）反向推理：反向使用规则的推理过程。

从目标状态（目标条件）到初始状态（初始事实/数据）的与或图解搜索过程，又称目标驱动、自顶向下、后向、反向链推理。

反向推理算法：无信息，启发式。

4. 举例说明

以动物识别系统 IDENTIFIER 为例介绍产生式系统的工作原理。产生式规则如下：

规则 1　如果该动物有毛发，那么它是哺乳动物。

规则 2　如果该动物能产乳，那么它是哺乳动物。

规则 3　如果该动物有羽毛，那么它是鸟类动物。

规则 4　如果该动物能飞行，它能生蛋，那么它是哺乳动物。

规则 1～规则 4 用于把哺乳动物和鸟类动物分开。

规则 5　如果该动物是哺乳动物，它吃肉，那么它是食肉动物。

规则 6　如果该动物是哺乳动物，它长有爪子，它长有利齿，它眼睛前视，那么它是食肉动物。

规则 7　如果该动物是哺乳动物，它长有蹄，那么它是有蹄动物。

规则 8　如果该动物是哺乳动物，它反刍，那么它是有蹄动物，并且是偶蹄动物。

规则 5～规则 8 把哺乳动物又进一步分成食肉动物和有蹄动物。

规则 9　如果该动物是食肉动物，它的颜色是黄褐色，它有深色的斑点，那么它是猎豹。

规则 10　如果该动物是食肉动物，它的颜色是黄褐色，它有黑色条纹，那么它是老虎。

规则 9 和规则 10 把食肉动物又进一步分成猎豹和老虎。

规则 11　如果该动物是有蹄动物，它有长腿，它有长颈，它的颜色是黄褐色，它有深色的斑点，那么它是长颈鹿。

规则 12　如果该动物是有蹄动物，它的颜色是白的，它有黑色条纹，那么它是斑马。

规则 11 和规则 12 把有蹄动物又进一步分成长颈鹿和斑马。

规则 13　如果该动物是鸟类，它不会飞，它有长腿，它有长颈，它的颜色是黑、白相杂，那么它是鸵鸟。

规则 14　如果该动物是鸟类，它不能飞行，它能游水，它的颜色是黑色和白色，那么它是企鹅。

规则 15　如果该动物是鸟类，它善于飞行，那么它是海燕。

规则 13 的 IF 部分的条件“它有长腿”“它有长颈”，也出现在规则 11 的 IF 部分，但由于规则 11 是适用于有蹄动物的分类，而规则 13 是适用于鸟类的分类，所以两者不会引起混淆。

现在假定机器人罗伯特适用该系统进行动物识别。

开始，罗伯特观察动物有黄褐色和深色斑点，即有事实库（动物的颜色是黄褐色，深色斑点），这两个断言出现在规则 11 和规则 9 中，但规则 9 和规则 11 的前件还必须被别的断言所满足，所以，罗伯特继续观察动物特征，看到该动物给它的幼兽喂奶，并能反刍，这时事实库内容增加为

（动物颜色是黄褐色，深色斑点，能产乳，反刍）

现在用规则集和事实库进行匹配，规则 2 首先可用，并更新事实库为

（哺乳动物，黄褐色，深色斑点，能产乳，反刍）

进而规则 8 又能用，更新事实库为

（有蹄动物，偶蹄动物，哺乳动物，黄褐色，深色斑点，能产乳，反刍）

这时罗伯特还没有识别出什么动物，而事实库也不能和其他规则的前提相匹配，还需要动物特征的新信息。设罗伯特发现该动物腿和颈都很长，即得到事实库：

（动物有长腿，有长颈，有蹄动物，偶蹄动物，哺乳动物，黄褐色，深色斑点，能产乳，反刍）

得到新的事实后，再进行推理。这时，规则 11 可以使用，推出该动物为长颈鹿。

【例 3.13】 已知初始事实：

f_1：有毛

f_2：食肉

f_3：黄褐色

f_4：有黑色条纹

目标条件：

该动物是什么？

如果采用正向推理，推理过程如图 3－28 所示，采用反向推理的推理过程如图 3－29 所示。

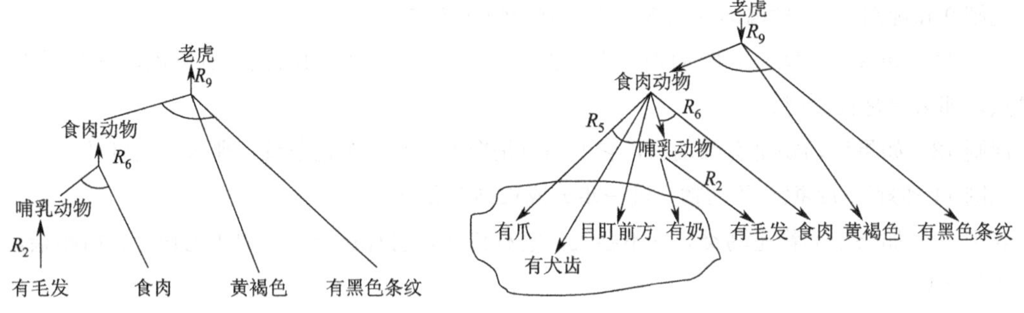

图 3－28　动物分类正向推理树

图 3－29　动物分类反向推理树

【例 3.14】 已知产生式系统规则库如下：

（1）IF 衣服是湿的 AND 天气晴朗 THEN 在户外晾晒衣服

（2）IF 衣服是湿的 AND 外面在下雨 THEN 用干衣机烘干衣服

（3）IF 衣服是脏的 AND 有 15 件以上的脏衣服 THEN 洗衣服

（4）IF 洗衣服 THEN　衣服是湿的

动态数据库如下：

衣服是脏的；

有 20 件脏衣服；

天气晴朗。

目标条件：在户外晾晒衣服。

正向推理过程如下：

步骤 1：和规则 3 进行匹配，得到结论：洗衣服，把这个结论添加到动态数据库中。数据

库更新为

衣服是脏的；

有 20 件脏衣服；

天气晴朗；

洗衣服。

步骤 2：和规则 4 进行匹配，得到结论：衣服是湿的。动态数据库更新为：

衣服是脏的；

有 20 件脏衣服；

天气晴朗；

洗衣服；

衣服是湿的。

步骤 3：和规则 1 进行匹配，得到结论：在户外晾晒衣服。

目标得证。

也可以进行反向推理，推理树如图 3-30 所示。

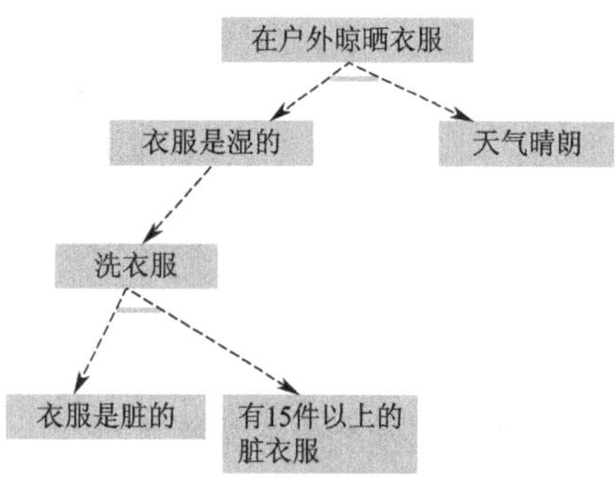

图 3-30　在户外晾晒衣服的反向推理树

产生式系统具有以下优点：

（1）模块性：产生式规则是规则库中最基本的知识单元，各规则之间只能通过综合数据库发生联系，不能相互调用，增加了规则的模块性，有利于对知识的增加、删除和修改。

（2）有效性：产生式表示法既可以表示确定性知识，又可以表示不确定性知识，既有利于表示启发性知识，又有利于表示过程性知识。

（3）自然性：产生式表示法用 If…then…的形式表示知识，这种表示形式与人类的判断性知识基本一致，直观、自然，便于推理。

（4）模拟性：人们在研究人工智能问题时，发现产生式系统可以较好模拟人类推理的思维过程。

小　　结

本章首先介绍了知识搜索技术。图搜索策略包括盲目搜索和启发式搜索，盲目搜索又包括宽度优先搜索、深度优先搜索和等代价搜索。启发式搜索又称有知识搜索，它是在搜索中利用与应用领域有关的启发性知识来控制搜索路线的一种搜索方法。启发式搜索利用启发信息来决定哪个是下一步要扩展的节点。这种搜索总是选择“最有希望”的节点作为下一个被扩展的节点。这就避免了无效搜索，提高了搜索速度。

对于以谓词逻辑方法表示的知识，可以用消解原理进行推理，通过消解推理，可以进行公式的证明或者求取问题的答案。

对于许多比较复杂的系统和问题，则需要应用一些更先进的推理技术和系统，如规则演绎系统、产生式系统等进行推理。

思考与练习

1. 什么是图搜索过程？重排 OPEN 表意味着什么？重排的原则是什么？

2. 如何通过消解反演求取问题的答案？

3. 把下列句子变换成子句的形式。

(1) $(\forall x)(\exists y)((F(x,y) \vee G(x,y)) \rightarrow Q(x,y))$；

(2) $(\forall x)(C(x) \rightarrow (P(x) \wedge Q(x)))$；

(3) $(\exists x)(\exists y)(P(x,y) \wedge Q(x,y))$；

(4) $(\forall x)(\forall y)(P(x,y) \rightarrow Q(x,y))$；

(5) $(\forall x)(P(x) \rightarrow (\exists y)(Q(y) \wedge R(x,y)))$；

(6) $(\exists x)(P(x) \wedge (\forall y)(Q(y) \rightarrow R(x,y)))$；

(7) $(\exists x)(\exists y)(\forall z)(\exists u)(\forall v)(\exists w)P(x,y,z,u,v,w) \wedge (Q(x,y,z,u,v,w) \rightarrow \sim R(x,z,w))$。

4. 已知：每个去临潼游览的人，或者参观秦始皇兵马俑，或者参观华清池，或者洗温泉澡；凡是去临潼游览的人，如果爬骊山就不能参观秦始皇兵马俑；有的游览者既不参观华清池，也不洗温泉澡。求证：有的游览者不爬骊山。

5. 已知下列事实：John 是贼；Paul 喜欢酒；Paul 也喜欢奶酪；如果 Paul 喜欢某物，则 John 也喜欢；如果某人是贼，而且喜欢某物，则他就可能偷窃该物。问题：John 可能偷什么？

6. 规则演绎系统有哪几种推理方式？各有什么特点？

7. 产生式系统由哪些部分组成？

第 4 章 非经典推理

现实世界中遇到的问题和事务间的关系往往比较复杂，客观事物存在的随机性、模糊性、不完全性和不精确性，会导致人们认识上一定程度的不确定性。这时，如果仍然采用经典的确定性推理方法进行推理，则无法反映事物的真实性。因此，需要在不完全和不确定的情况下运用不确定知识进行推理，即进行不确定性推理。

不确定性推理就是从不确定性的初始证据（即已知事实）出发，运用不确定性的知识（或规则），推出具有一定程度的不确定性但却是合理或近乎合理的结论。不确定性推理可以使计算机对人类思维的模拟更接近于人类的真实思维过程。

4.1 经典推理和非经典推理

经典推理和非经典推理的区别：

(1) 在推理方法上，经典逻辑采用逻辑演绎推理，非经典逻辑采用归纳演绎推理。

(2) 在辖域取值上，经典逻辑是二值逻辑，即只有真（True）和假（False）两种，而非经典逻辑都是多值逻辑，如三值、四值和模糊逻辑等。

(3) 在运算法则上，经典逻辑的许多运算法则在非经典逻辑中就不成立。例如，三值逻辑就不遵循谓词逻辑中的双重否定法则。德·摩根定律在一些多值逻辑中也不成立。

(4) 在逻辑算符上，非经典逻辑具有更多的逻辑算符。经典逻辑算符组成的谓词合式公式，只能回答“什么是真?”和“什么是假?”的是非判断问题，而无法处理“什么可能真?”“什么应该真?”“什么可能假?”之类的问题。非经典逻辑引入了附加算符（模态算符）来解决上述问题。

（5）在是否单调上，两者也截然不同。经典逻辑是单调的，即已知事实（定律）均为充分可信的，不会随着新事实的出现而使原有事实变为假。这就是人的认识的单调性。但是，由于现实生活中的许多事实是在人们来不及掌握其前提条件下初步认可的，当人们对客观情况的认识有了深化时，一些旧的认识就可能被修正甚至否定。这就是人的认识的非单调性。引用非单调逻辑进行非单调推理是非经典逻辑与经典逻辑的一个重要区别。

4.2 不确定性推理

不确定性推理（reasoning with uncertainty）是一种建立在非经典逻辑基础上的基于不确定性知识的推理，它从不确定性的初始证据出发，通过运用不确定性知识，推出具有一定程度的不确定性和合理的或近乎合理的结论。

1. 不确定性的表示与量度

（1）不确定性的表示。

不确定性推理中存在 3 种不确定性：关于知识的不确定性、关于证据的不确定性和关于结论的不确定性。

①知识不确定性。表示知识的不确定性需要考虑的因素如下：

- 能根据领域问题特征把其不确定性比较准确地描述出来，满足问题求解的需要。
- 便于在推理过程中推算不确定性。

②证据不确定性。观察事物时所了解的事实往往具有某种不确定性。在推理中，有两种来源的证据：

- 用户在求解问题时提供的初始证据，例如病人的症状。
- 在推理中用前面推出的结论作为当前推理的证据。

由于第一种证据多来源于观察，往往具有不确定性，因而推出的结论也具有不确定性。

③结论不确定性。由于使用的知识和证据具有不确定性，使得推出的结论也具有不确定性。这种结论的不确定性也称规则的不确定性，它表示当规则的条件被完全满足时，产生某种结论的不确定程度。

（2）不确定性的量度。

在 MYCIN 等专家系统中，用可信度来表示知识和证据的不确定性。

在确定量度方法及其范围时，必须注意以下几点：

①量度要能充分表达知识和证据的不确定性程度。

②量度范围的指定要便于领域专家和用户对不确定性的估计。

③量度要便于对不确定性的传递进行计算，而且对结论算出的不确定性量度不能超出量度规定的范围。

④量度的确定应当是直观的，并有相应的理论依据。

2. 不确定性的算法

（1）不确定性的匹配算法。

推理是一个不断运用知识的过程。为了找到所需的知识，需要在这一过程中用知识的前提条件与已知证据进行匹配，只有匹配成功的知识才有可能被应用。

在不确定性推理中，由于知识和证据都具有不确定性，而且知识所要求的不确定程度与证据实际具有的不确定程度不一定相同，因而就有“怎样才算匹配成功”的问题。对于这个问题，目前常用的解决方法是：设计一个用来计算匹配双方相似程度的算法，再指定一个相似的限度，用来衡量匹配双方相似的程度是否落在指定的限度内。如果落在指定的限度内，则称它们是可匹配的，相应的知识可被应用；否则是不可匹配的。用来计算匹配双方相似程度的算法称为不确定性匹配算法。相似的限度称为阈值。

（2）不确定性的更新算法。

不确定性的更新是指在推理过程中如何考虑知识不确定性的动态积累和传递。

常用的更新算法有以下几种：

①根据规则前提即证据 E 的不确定性，求结论 H 的不确定性。已知证据 E 的不确定性 $C(E)$ 和规则强度 $f(H, E)$，求 H 的不确定性 $C(H)$。定义算法 g_1，使得

$$C(H)=g_1[C(E),f(H,E)] \tag{4-1}$$

②并行规则算法。根据独立的证据 E_1 和 E_2，分别求得结论 H 的不确定性为 $C_1(H)$ 和 $C_2(H)$。然后求证据 E_1 和 E_2 的组合导致结论 H 的不确定性 $C(H)$，即定义算法 g_2，使得

$$C(H)=g_2[C_1(H),C_2(H)] \tag{4-2}$$

③证据合取的不确定性算法。根据两个的证据 E_1 和 E_2，分别求得结论 H 的不确定性为 $C_1(H)$ 和 $C_2(H)$。求证据合取的不确定性，即定义算法 g_3，使得

$$C(E_1 \text{ AND } E_2)=g_3[C_1(H),C_2(H)] \tag{4-3}$$

④证据析取的不确定性算法。根据两个证据 E_1 和 E_2，分别求得结论 H 的不确定性为 $C_1(H)$ 和 $C_2(H)$。求证据合取的不确定性，即定义算法 g_4，使得

$$C(E_1 \text{ OR } E_2)=g_4[C_1(H),C_2(H)] \tag{4-4}$$

证据合取和证据析取的不确定性算法称为组合证据的不确定性算法。常用的算法有以下几种：

①最大最小法：

$$C(E_1 \text{ AND } E_2)=\min[C_1(H),C_2(H)] \tag{4-5}$$

$$C(E_1 \text{ OR } E_2)=\max[C_1(H),C_2(H)] \tag{4-6}$$

②概率方法：

$$C(E_1 \text{ AND } E_2)=C_1(H)C_2(H) \tag{4-7}$$

$$C(E_1 \text{ OR } E_2)=C_1(H)+C_2(H)-C_1(H)C_2(H) \tag{4-8}$$

③有界方法：

$$C(E_1 \text{ AND } E_2)=\max\{0,C_1(H)+C_2(H)-1\} \tag{4-9}$$

$$C(E_1 \text{ OR } E_2)=\min\{1,C_1(H)+C_2(H)\} \tag{4-10}$$

4.3　概 率 推 理

概率推理（贝叶斯推理）是一种统计融合算法，主要是基于贝叶斯法则来进行推理的。该方法需要根据观测空间的先验知识来实现对观测空间里的物体的识别。在给定证据的条件

下，贝叶斯推理能提供一种计算条件概率即后验概率的方法。

下面简单回顾概率论的一些知识。

1. 条件概率

设 H、E 为随机实验的两个事件，且 $P(H)>0$，称

$$P(E|H)=\frac{P(EH)}{P(H)} \tag{4-11}$$

为事件 H 发生的条件下，事件 E 发生的概率。

2. 乘法公式

可将式(4-11) 改写为

$$P(EH)=P(E|H)P(H) \tag{4-12}$$

此公式称为概率的乘法公式。

3. 全概率公式

事件 $H_1,H_2,\cdots,H_n$ 的并集是整个样本空间，即 $H_1,H_2,\cdots,H_n$ 是事件 H 的一个划分，则任一事件 E 可以表示为与所有事件 H_j 交集的并集，即

$$E=EH_1\cup EH_2\cdots\cup EH_n \tag{4-13}$$

因为各个 EH_j 是互斥的，即做一次实验，事件 $H_1,H_2,\cdots,H_n$ 必有且仅有一个发生，所以可以把 EH_j 所对应的事件的概率求和，得

$$P(E)=\sum_{j=1}^{n}P(EH_j) \tag{4-14}$$

这就是全概率公式。全概率公式也可以写出如下形式：

$$P(E)=\sum_{j=1}^{n}[P(E\mid H_j)P(H_j)] \tag{4-15}$$

4. 贝叶斯公式

在贝叶斯推理中，主要关心的是在给定证据 E 的情况下，假设事件 H_i 发生的概率。设 $H_1,H_2,\cdots,H_n$ 是事件 H 的一个划分，且 $P(H_i)>0$，对任意事件 E，$P(E)>0$，那么

$$P(H_i|E)=\frac{P(EH_i)}{P(E)} \tag{4-16}$$

式中，$P(H_i\mid E)$ 为给定证据 E，事件 H_i 发生的后验概率。又由全概率公式，得

$$P(H_i\mid E)=\frac{P(E\mid H_i)P(H_i)}{\sum_{j}[P(E\mid H_j)P(H_j)]} \tag{4-17}$$

式(4-17) 称为贝叶斯公式。

【例 4.1】 某工厂有 4 条流水线生产同一种产品，4 条流水线的产量分别占总产量的 15%、20%、30%、35%，且这 4 条流水线的不合格品率依次为 0.05、0.04、0.03 及 0.02。(1) 现在从该厂产品中任取一件，问恰好抽到不合格品的概率为多少？(2) 若该厂规定，出了不合格品要追究有关流水线的经济责任。现在在出厂产品中任取一件，结果为不合格品，

但该件产品是哪一条流水线生产的标志已脱落，问厂方如何处理这件不合格品比较合理？第 4 条流水线应该承担多大责任？

解：（1）设　A={任取一件，恰好抽到不合格品}；

B={任取一件，恰好抽到第 i 条流水线的产品}（$i=1,2,3,4$）。

由题意可知，$P(A|B_i)$分别为 0.05、0.04、0.03、0.02。于是由全概率公式可得

$$\begin{aligned}P(A) &= \sum_{i=1}^{4} P(A \mid B_i)P(B_i) \\ &= 0.15\times0.05+0.20\times0.04+0.30\times0.03+0.35\times0.02 \\ &= 0.0315=3.15\%\end{aligned}$$

在实际问题中，$P(A|B_i)$可以从过去生产的产品中统计出来。

（2）从贝叶斯推理的角度考虑，可以根据 $P(B_i|A)$的大小来追究第 i 条流水线的经济责任。如对于第 4 条流水线，由贝叶斯公式可知：

$$P(B_4|A)=\frac{P(A|B_4)P(B_4)}{P(A)}$$

$$P(A|B_4)P(B_4)=0.02\times0.35=0.007$$

$$P(B_4|A)=\frac{0.007}{0.0315}\approx0.222$$

由此可知，第 4 条流水线应负 22.2%的责任。同理可以计算出，第 1、2、3 条流水线分别负 23.8%、25.4%、28.6%的责任。

4.4　主观贝叶斯方法

主观贝叶斯（Bayes）方法是 R. O. Duda 等人于 1976 年提出的一种不确定性推理模型，并成功地应用于地质勘探专家系统 PROSPECTOR。主观贝叶斯方法是以概率统计理论为基础，将贝叶斯公式与专家及用户的主观经验相结合而建立的一种不确定性推理模型。

1. 知识不确定性的表示

在主观贝叶斯方法中，用下面的产生式规则表示知识：

$$\text{IF} \quad E \quad \text{THEN} \quad (\text{LS},\text{LN}) \quad H \tag{4-18}$$

式中，(LS，LN) 表示该知识的静态强度。

LS 是式(4-18) 成立的充分性因子，衡量证据（前提）E 对结论 H 的支持程度。

LN 是式(4-18) 成立的必要性因子，衡量$\sim E$ 对 H 的支持程度。

定义

$$\text{LS}=\frac{P(E|H)}{P(E|\sim H)} \tag{4-19}$$

$$\text{LN}=\frac{P(\sim E|H)}{P(\sim E|\sim H)}=\frac{1-P(E|H)}{1-P(E|\sim H)} \tag{4-20}$$

其中，LS 和 LN 的取值范围为 $[0,+\infty)$。

主观贝叶斯方法的不确定性推理过程就是根据前提 E 的概率 $P(E)$，利用规则的 LS 和 LN，把结论 H 的先验概率 $P(H)$ 更新为后验概率 $P(H|E)$ 的过程。

结合贝叶斯公式，得

$$P(H|E)=\frac{P(E|H)P(H)}{P(E)} \tag{4-21}$$

$$P(\sim H|E)=\frac{P(E|\sim H)P(\sim H)}{P(E)} \tag{4-22}$$

以上两式相除，可得

$$\frac{P(H|E)}{P(\sim H|E)}=\frac{P(E|H)}{P(E|\sim H)}\cdot\frac{P(H)}{P(\sim H)} \tag{4-23}$$

为了讨论方便，引入概率函数

$$O(x)=\frac{P(x)}{1-P(x)} \tag{4-24}$$

则

$$P(x)=\frac{O(x)}{1+O(x)} \tag{4-25}$$

又由

$$\mathrm{LS}=\frac{P(E|H)}{P(E|\sim H)},$$

则

$$\frac{P(H|E)}{P(\sim H|E)}=\frac{P(E|H)}{P(E|\sim H)}\cdot\frac{P(H)}{P(\sim H)}$$

可以化为

$$O(H|E)=\mathrm{LS}\cdot O(H) \tag{4-26}$$

式(4-26)被称为贝叶斯公式的概率似然性形式。LS 称为充分似然性，如果 LS$>+\infty$，则证据 E 对于推出 H 为真是逻辑充分的。

同理，可得关于 LN 的公式：

$$O(H|\sim E)=LN\cdot O(H) \tag{4-27}$$

其被称为贝叶斯公式的概率似然性形式。LN 称为必然似然性，如果 LN$=0$，则有 $O(H|\sim E)=0$。这说明当$\sim E$ 为真时，H 必为假，即 E 对 H 来说是必然的。

(1) LS 的性质。

LS 表示证据 E 的存在，影响结论 H 为真的概率：

当 LS>1 时，$P(H|E)>P(H)$，即 E 支持 H，E 导致 H 为真的可能性增加；

当 LS$>+\infty$时，表示证据 E 将致使 H 为真；

当 LS$=1$ 时，表示 E 对 H 没有影响，与 H 无关；

当 LS<1 时，说明 E 不支持 H，E 导致 H 为真的可能性下降；

当 LS$=0$ 时，E 的存在使 H 为假。

(2) LN 的性质。

表示证据 E 的不存在，影响结论 H 为真的概率：

当 LN>1 时，$P(H|\sim E)>P(H)$，即$\sim E$ 支持 H，$\sim E$ 导致 H 为真的可能性增加；

当 LN>+∞时，表示证据~E 将致使 H 为真；

当 LN=1 时，表示~E 对 H 没有影响，与 H 无关；

当 LN<1 时，说明~E 不支持 H，~E 导致 H 为真的可能性下降；

当 LN=0 时，~E 的存在使 H 为假。

(3) LS 与 LN 的关系。

由于 E 和~E 不会同时的支持或者同时排斥 H，因此只有以下 3 种情况：

LS>1 且 LN<1；

LS<1 且 LN>1；

LS=1=LN。

2. 证据不确定性表示方法

(1) 单个证据不确定性的表示方法。

证据通常可以分为全证据和部分证据。全证据就是所有的证据，即所有可能的证据和假设，它们组成证据 E。部分证据 S 就是 E 的一部分，这部分证据也可以称为观察。

在主观贝叶斯方法中，证据的不确定性是用概率表示的。全证据的可信度依赖于部分证据，表示为 $P(E \mid S)$，为后验概率。

(2) 组合证据的不确定性的确定方法。

当证据 E 由多个单一证据合取而成，即 $E=E_1 \cap E_2 \cap \cdots \cap E_n$，如果已知 $P(E_1|S)$，$P(E_2 \mid S),\cdots,P(E_n|S)$，则

$$P(E|S)=\min\{P(E_1|S),P(E_2|S),\cdots,P(E_n|S)\} \tag{4-28}$$

若证据 E 由多个单一证据析取而成，即 $E=E_1 \cup E_2 \cup \cdots \cup E_n$，则

$$P(E|S)=\max\{P(E_1|S),P(E_2|S),\cdots,P(E_n|S)\} \tag{4-29}$$

对于非运算

$$P(\sim E|S)=1-P(E|S) \tag{4-30}$$

在现实中，证据往往是不确定的，即无法肯定它一定存在或一定不存在。这是由于用户提供的原始证据不精确、用户的观察不精确、推理出的中间结论不精确等因素造成的。

假设 S 是对 E 的观察，则 $P(E \mid S)$ 表示在观察 S 下 E 为真的概率，$0<P(E|S)\leqslant 1$，故计算后验概率 $P(H|S)$，不能使用贝叶斯公式，可以采用下面的公式(杜达公式)：

$$P(H|S)=P(H|E)\times P(E|S)+P(H|\sim E)\times P(\sim E|S) \tag{4-31}$$

①E 肯定存在，即 $P(E|S)=1$，且 $P(\sim E|S)=0$，杜达公式简化为

$$P(H|S)=P(H|E)=\frac{\mathrm{LS}\times P(H)}{(\mathrm{LS}-1)\times P(H)+1} \tag{4-32}$$

②E 肯定不存在，即 $P(E|S)=0$，$P(\sim E|S)=1$，杜达公式简化为

$$P(H|S)=P(H|\sim E)=\frac{\mathrm{LN}\times P(H)}{(\mathrm{LN}-1)\times P(H)+1} \tag{4-33}$$

③$P(E|S)=P(E)$，即 E 和 S 无关，利用全概率公式，杜达公式可以化为

$$P(H|S)=P(H|E)\times P(E)+P(H|\sim E)\times P(\sim E)=P(H) \tag{4-34}$$

④当 $P(E|S)$为其他值（非 0，非 1，非 $P(E)$）时，则需要通过分段线性插值计算（见

图 4－1)：

$$P(H|S)=\begin{cases}P(H|\sim E)+\dfrac{P(H)-P(H|\sim E)}{P(E)}\times P(E|S), & 当\ 0\leqslant P(E|S)<P(E)\\ P(H)+\dfrac{P(H|E)-P(H)}{1-P(E)}\times[P(E|S)-P(E)], & 当\ P(E)\leqslant P(E|S)\leqslant 1\end{cases}\tag{4-35}$$

上式称为 EH 公式。

可信度 $C(E|S)$表示对所提供的证据可以相信的程度，$C(E|S)$的取值为$-5\sim+5$之间的一个整数。可信度 $C(E|S)$与概率 $P(E|S)$的对应关系如下：

$C(E|S)=-5$：在观察 S 下证据 E 肯定不存在，即 $P(E|S)=0$。

$C(E|S)=0$：S 与 E 无关，即 $P(E|S)=P(E)$。

$C(E|S)=5$：在观察 S 证据 E 肯定存在，即$P(E|S)=1$。

$C(E|S)$为其他数时，其与 $P(E|S)$的对应关系可通过插值得到（见图 4－2)：

$$P(E|S)=\begin{cases}\dfrac{C(E|S)+P(E)\times(5-C(E|S))}{5}, & 当\ 0\leqslant C(E|S)\leqslant 5\\ \dfrac{P(E)\times(C(E|S)+5)}{5}, & 当\ -5\leqslant C(E|S)\leqslant 0\end{cases}\tag{4-36}$$

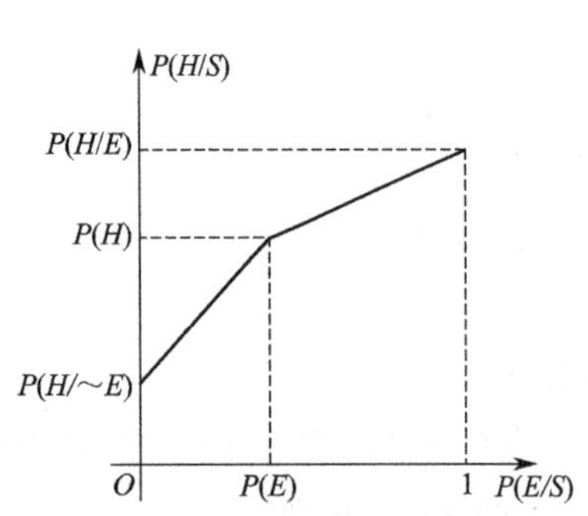

图 4－1　求 $P(H|S)$的分段线性插值

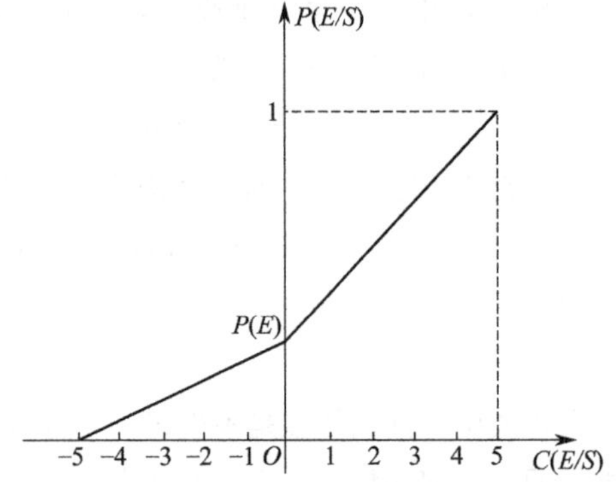

图 4－2　$P(E|S)$与 $C(E|S)$的对应关系

把式(4－36) 代入 EH 公式中，可得

$$P(H|S)=\begin{cases}P(H|\sim E)+[P(H)-P(H|\sim E)]\times\left[\dfrac{1}{5}C(E|S)+1\right], & 当\ C(E|S)\leqslant 0\\ P(H)+[P(H|E)-P(H)]+\dfrac{1}{5}C(E|S), & 当\ C(E|S)>0\end{cases}\tag{4-37}$$

式(4－37) 称为 CP 公式。

3. 结论不确定性的合成算法

假设 n 条规则都支持同一结论 R，这些规则的前提条件 E_1，$E_2,\cdots,E_n$ 相互独立，每个证据所对应的观察为 S_1，$S_2,\cdots,S_n$。

结论的不确定性先计算概率函数 $O(H \mid S_i)$，然后再计算所有观察下，H 的后验概率：

$$O(H|S_1,S_2,\cdots,S_n)=\frac{O(H|S_1)}{O(H)}\times\frac{O(H|S_2)}{O(H)}\times\cdots\times\frac{O(H|S_n)}{O(H)}\times O(H) \qquad (4-38)$$

其思想是：按照顺序使用规则对先验概率进行更新，再把得到的更新概率当做先验概率，更新其他规则，这样继续更新直到所有的规则使用完。

【例 4.2】 有如下规则：

r_1： IF　E_1　THEN　(10,1)　$H_1(0.03)$

r_2： IF　E_2　THEN　(20,1)　$H_2(0.05)$

r_3： IF　E_3　THEN　(1,0.002)　$H_3(0.3)$

求：当证据 E_1，E_2，E_3 存在及不存在时，$P(H_i|E_i)$及 $P(H_i|\sim E_i)$的值各为多少？

解： 由于 r_1 和 r_2 中的 LN=1，所以 E_1 和 E_2 不存在时对 H_1 和 H_2 不产生影响，即不需要计算 $P(H_1|\sim E_1)$和 $P(H_2|\sim E_2)$，但因它们的 LS>1，所以在 E_1 和 E_2 存在时需要计算 $P(H_1|E_1)$和 $P(H_2|E_2)$。同理，由于 r_3 中的 LS=1，故不需要计算 $P(H_3|E_3)$，但需要计算 $P(H_3|\sim E_3)$。

$$P(H_1|E_1)=\frac{\text{LS}\times P(H)}{(\text{LS}-1)\times P(H)+1}=\frac{10\times 0.03}{(10-1)\times 0.03+1}\approx 0.24$$

$$P(H_2|E_2)=\frac{\text{LS}\times P(H)}{(\text{LS}-1)\times P(H)+1}=\frac{20\times 0.05}{(20-1)\times 0.05+1}\approx 0.51$$

$$P(H_3|\sim E_3)=\frac{\text{LN}\times P(H)}{(\text{LN}-1)\times P(H)+1}=\frac{0.002\times 0.3}{(0.002-1)\times 0.3+1}\approx 0.000\ 86$$

由计算结果可以得到 E_1 的存在使 H_1 为真的可能性增加了 8 倍，E_2 使 H_2 为真的可能性增加了 10 多倍，E_3 不存在性使 H_3 为真的能性减少 350 倍。

4.5　可信度方法

可信度方法是 1975 年肖特里菲(E. H. Shortliffe)等人在确定性理论(theory of confirmation)的基础上，结合概率论等提出的一种不确定性推理方法。

优点：直观、简单，且效果好。

可信度：根据经验对一个事物或现象为真的相信程度。

可信度带有较大的主观性和经验性，其准确性难以把握。

C-F 模型：基于可信度表示的不确定性推理的基本方法。

1. 知识不确定性的表示

产生式规则表示：

IF　E　THEN　H　(CF(H,E))

其中，CF(H,E) 是可信度因子 (certainty factor)，反映前提条件与结论的联系强度。

例如：

IF　头痛　AND　流涕　THEN　感冒　(0.7)

$CF(H,E)$ 的取值范围：$[-1,1]$。

若由于相应证据的出现增加结论 H 为真的可信度，则 $CF(H,E)>0$，证据的出现越是支持 H 为真，就使 $CF(H,E)$ 的值越大。反之，证据的出现越是支持 H 为假，则 $CF(H,E)<0$，证据的出现越是支持 H 为假，$CF(H,E)$ 的值就越小。若证据的出现与否与 H 无关，则 $CF(H,E)=0$。

2. 证据不确定性的表示

证据的不确定性用 $CF(E)$ 表示。

例如：$CF(E)=0.6$，表示 E 的可信度为 0.6。

证据 E 的可信度取值范围为 $[-1,1]$。

对于初始证据，若所有观察 S 能肯定它为真，则 $CF(E)=1$。

若肯定它为假，则 $CF(E)=-1$。

若以某种程度为真，则 $0<CF(E)<1$。

若以某种程度为假，则 $-1<CF(E)<0$。

若未获得任何相关的观察，则 $CF(E)=0$。

$CF(H, E)$ 称为静态强度，表示知识的强度，即当 E 所对应的证据为真时对 H 的影响程度。

$CF(E)$ 称为动态强度，表示证据 E 当前的不确定性程度。

3. 组合证据不确定性的算法

组合证据：多个单一证据的合取 $E=E_1 \cap E_2 \cap \cdots \cap E_n$，则

$$CF(E)\min\{CF(E_1),CF(E_2),\cdots,CF(E_n)\} \tag{4-39}$$

组合证据：多个单一证据的析取 $E=E_1 \cup E_2 \cup \cdots \cup E_n$，则

$$CF(E)\max\{CF(E_1),CF(E_2),\cdots,CF(E_n)\} \tag{4-40}$$

4. 不确定性的传递算法

C-F 模型中的不确定性推理：从不确定的初始证据出发，通过运用相关的不确定性知识，最终推出结论并求出结论的可信度值。结论 H 的可信度由下式计算：

$$CF(H)=CF(H,E)\times\max\{0,CF(E)\} \tag{4-41}$$

当 $CF(E)<0$ 时，则 $CF(H)=0$；

当 $CF(E)=1$ 时，则 $CF(H)=CF(H,E)$。

5. 结论不确定性的合成算法

设有知识：

IF E_1 THEN H $(CF(H,E_1))$

IF E_2 THEN H $(CF(H,E_2))$

则结论不确定性的合成算法如下：

(1) 分别对每一条知识求出 $CF(H)$：

$$CF_1(H)=CF(H,E_1)\times\max\{0,CF(E_1)\}$$

$$CF_2(H)=CF(H,E_2)\times\max\{0,CF(E_2)\}$$

(2) 求出 E_1 与 E_2 对 H 的综合影响所形成的可信度 $CF_{12}(H)$

$$CF_{1,2}(H)=\begin{cases}CF_1(H)+CF_2(H)-CF_1(H)CF_2(H), & \text{当 } CF_1(H)\geqslant 0, CF_2(H)\geqslant 0\\ CF_1(H)+CF_2(H)+CF_1(H)CF_2(H), & \text{当 } CF_1(H)<0, CF_2(H)<0\\ \dfrac{CF_1(H)+CF_2(H)}{1-\min\{|CF_1(H)|,|CF_2(H)|\}}, & \text{当 } CF_1(H)\times CF_2(H)<0\end{cases}$$

【例 4.3】 设有如下一组知识：

r_1：IF E_1 THEN H (0.8)

r_2：IF E_2 THEN H (0.6)

r_3：IF E_3 THEN H (−0.5)

r_4：IF E_4 AND (E_5 OR E_6) THEN E_1 (0.7)

r_5：IF E_7 AND E_8 THEN E_3 (0.9)

已知：$CF(E_2)=0.8$，$CF(E_4)=0.5$，$CF(E_5)=0.6$，$CF(E_6)=0.7$，$CF(E_7)=0.6$，$CF(E_8)=0.9$。

求： $CF(H)$。

解： ①对每一条规则求出 $CF(H)$。

根据 r_4，可得

$$\begin{aligned}CF(E_1)&=0.7\times\max\{0,CF[E_4\ \text{AND}\ (E_5\ \text{OR}\ E_6)]\}\\&=0.7\times\max\{0,\min\{CF(E_4),CF(E_5\ \text{OR}\ E_6)\}\}\\&=0.7\times\max\{0,\min\{CF(E_4),\max\{CF(E_5),CF(E_6)\}\}\}\\&=0.7\times\max\{0,\min\{0.5,\max\{0.6,0.7\}\}\}\\&=0.7\times\max\{0,0.5\}=0.35\end{aligned}$$

根据 r_5，可得

$$\begin{aligned}CF(E_3)&=0.9\times\max\{0,CF(E_7\ \text{AND}\ E_8)\}\\&=0.9\times\max\{0,\min(CF(E_7),CF(E_8))\}\\&=0.9\times\max\{0,\min\{0.6,0.9\}\}\\&=0.9\times\max\{0,0.6\}=0.54\end{aligned}$$

根据 r_1，可得

$$\begin{aligned}CF_1(H)&=0.8\times\max\{0,CF(E_1)\}\\&=0.8\times\max\{0,0.35\}\\&=0.28\end{aligned}$$

根据 r_2，可得

$$\begin{aligned}CF_2(H)&=0.6\times\max\{0,CF(E_2)\}\\&=0.6\times\max\{0,0.8\}\\&=0.48\end{aligned}$$

根据 r_3，可得

$$\begin{aligned}CF_3(H)&=-0.5\times\max\{0,CF(E_3)\}\\&=-0.5\times\max\{0,0.54\}\\&=-0.27\end{aligned}$$

②根据结论不确定性的合成算法得到

$$CF_{1,2}(H)=CF_1(H)+CF_2(H)-CF_1(H)\times CF_2(H)$$
$$=0.28+0.48-0.28\times 0.48=0.63$$

$$CF_{1,2,3}(H)=\frac{CF_{1,2}(H)+CF_3(H)}{1-\min\{|CF_{1,2}(H)|,|CF_3(H)|\}}$$
$$=\frac{0.63-0.27}{1-\min\{0.63,0.27\}}=\frac{0.36}{0.73}=0.49$$

综合可信度：$CF(H)=0.49$

4.6 证据理论

证据理论（theory of evidence），又称D-S理论，是由德普斯特（A. P. Dempster）首先提出、由沙佛（G. Shafer）进一步发展起来的一种处理不确定性的理论。1981年巴纳特（J. A. Barnett）把该理论引入专家系统中，同年卡威（J. Garvey）等人用它实现了不确定性推理。目前，在证据理论的基础上已经发展了多种不确定性推理模型。

1. 概率分配函数

设 D 是变量 x 所有可能取值的集合，且 D 中的元素是互斥的，在任一时刻 x 都取且只能取 D 中的某一个元素为值，则称 D 为 x 的样本空间。

在证据理论中，D 的任何一个子集 A 都对应于一个关于 x 的命题，称该命题为"x 的值是在 A 中"。

设 x：所看到的颜色，D={红，黄，蓝}，

则A={红}："x 是红色"；

A={红，蓝}："x 或者是红色，或者是蓝色"。

设 D 为样本空间，领域内的命题都用 D 的子集表示，则概率分配函数（basic probability assignment function）定义如下：

定义　设函数 M：$2^D\to[0,1]$，且满足

$$M(\varnothing)=0$$
$$\sum_{A\subseteq D}M(A)=1$$

则称 M 为 2^D 上的基本概率分配函数，$M(A)$ 为 A 的基本概率数。

关于概率分配函数的几点说明：

(1) 设样本空间 D 中有 n 个元素，则 D 中子集的个数为 2^n 个。

2^D：D 的所有子集。

设 D={红，黄，蓝}

则其子集个数 $2^3=8$，具体为：

A={红}，A={黄}，A={蓝}，A={红，黄}，

A={红，蓝}，A={黄，蓝}，A={红，黄，蓝}，A={$\varnothing$}

（2）概率分配函数的作用是把D的任意一个子集A都映射为［0，1］上的一个数$M(A)$。当$A\subset D$，$A\neq D$时，$M(A)$表示对相应命题A的精确信任度。

例如，设$A=\{红\}$，

$M(A)=0.3$表示命题“x是红色”的信任度是0.3。

（3）概率分配函数与概率不同。

设$D=\{红，黄，蓝\}$

则$M(\{红\})=0.3$，$M(\{黄\})=0$，$M(\{蓝\})=0.1$，$M(\{红,黄\})=0.2$，$M(\{红,蓝\})=0.2$，$M(\{黄,蓝\})=0.1$，$M(\{红,黄,蓝\})=0.1$，$M(\varnothing)=0$。

按概率：$P(\{红\})+P(\{黄\})+P(\{蓝\})=1$，

但$M(\{红\})+M(\{黄\})+M(\{蓝\})=0.4$

2. 信任函数

定义　Bel：$2^D\rightarrow[01]$，且

$$\mathrm{Bel}(A)=\sum_{B\subseteq A}M(B),$$

对$\forall A\subseteq D$，函数称为Bel(A)称为信任函数，它表示对命题A为真的总的信任程度。

设$D=\{红，黄，蓝\}$

$M(\{红\})=0.3$，$M(\{黄\})=0$，$M(\{红,黄\})=0.2$，

$\mathrm{Bel}(\{红,黄\})=M(\{红\})+M(\{黄\})+M(\{红,黄\})$

$=0.3+0.2=0.5$

由信任函数及概率分配函数的定义推出：

$$\mathrm{Bel}(\varnothing)=M(\varnothing)=0$$

$$\mathrm{Bel}(D)=\sum_{B\subseteq D}M(B)=1$$

3. 似然函数

定义　Pl：$2^D\rightarrow[01]$且对$\forall A\subseteq D$，有

$\mathrm{Pl}(A)=1-\mathrm{Bel}(\sim A)$

函数Pl（A）称为似然函数，它表示对A为非假的信任程度。

设$D=\{红，黄，蓝\}$

$M(\{红\})=0.3$，$M(\{黄\})=0$，$M(\{红,黄\})=0.2$，

$\mathrm{Bel}(\{红,黄\})=M(\{红\})+M(\{黄\})+M(\{红,黄\})$

$=0.3+0.2=0.5$

$\mathrm{Pl}(\{蓝\})=1-\mathrm{Bel}(\sim\{蓝\})=1-\mathrm{Bel}(\{红,黄\})=1-0.5=0.5$

4. 概率分配函数的正交和（证据的组合）

定义　设M_2和M_2是两个概率分配函数；则其正交和$M=M_1\oplus M_2$，可得

$M(\varnothing)=0$

$M(A)=K^{-1}\sum_{x\cap y=\varnothing}M_1(x)M_2(y)$

其中：

$$K=1-\sum_{x\cap y=\varnothing}M_1(x)M_2(y)=\sum_{x\cap y\neq\varnothing}M_1(x)M_2(y)$$

如果 $K\neq 0$，则正交和 M 也是一个概率分配函数；

如果 $K=0$，则不存在正交和 M，即没有可能存在概率函数，称 M_1 与 M_2 矛盾。

【例 4.4】 设 $D=\{$黑，白$\}$，且设

$M_1(\{\text{黑}\},\{\text{白}\},\{\text{黑},\text{白}\},\varnothing)=(0.3,0.5,0.2,0)$

$M_2(\{\text{黑}\},\{\text{白}\},\{\text{黑},\text{白}\},\varnothing)=(0.6,0.3,0.1,0)$

则

$$\begin{aligned}K&=1-\sum_{x\cap y=\varnothing}M_1(x)M_2(y)\\&=1-[M_1(\{\text{黑}\})M_2(\{\text{白}\})+M_1(\{\text{白}\})M_2(\{\text{黑}\})]\\&=1-[0.3\times0.3+0.5\times0.6]=0.61\end{aligned}$$

$$\begin{aligned}M(\{\text{黑}\})&=K^{-1}\sum_{x\cap y=\{\text{黑}\}}M_1(x)M_2(y)\\&=\frac{1}{0.61}[M_1(\{\text{黑}\})M_2(\{\text{黑}\})+M_1(\{\text{黑}\})M_2(\{\text{黑},\text{白}\})+M_1(\{\text{黑},\text{白}\})M_2(\{\text{黑}\})]\\&=\frac{1}{0.61}[0.3\times0.6+0.3\times0.1+0.2\times0.6]\\&=0.54\end{aligned}$$

同理可得

$M(\{\text{白}\})=0.43$

$M(\{\text{黑},\text{白}\})=0.03$

组合后得到的概率分配函数

$M(\{\text{黑}\}),\{\text{白}\},\{\text{黑},\text{白}\},\varnothing)=(0.54,0.43,0.03,0)$

基于证据理论的不确定性推理的步骤如下：

(1) 建立问题的样本空间 D。

(2) 由经验给出，或者由随机性规则和事实的信度度量算基本概率分配函数。

(3) 计算所关心的子集的信任函数值、似然函数值。

(4) 由信任函数值、似然函数值得出结论。

【例 4.5】 设有规则：

(1) 如果流鼻涕，则感冒但非过敏性鼻炎 (0.9)，或过敏性鼻炎但非感冒 (0.1)。

(2) 如果眼发炎，则感冒但非过敏性鼻炎 (0.8)，或过敏性鼻炎但非感冒 (0.05)。

有事实：

(1) 小王流鼻涕 (0.9)；

(2) 小王发眼炎 (0.4)。

问：小王患的什么病？

取样本空间：$D=\{h_1, h_2, h_3\}$，h_1 表示“感冒但非过敏性鼻炎”；h_2 表示“过敏性鼻炎但非感冒”；h_3 表示“同时得了两种病”。

取下面的基本概率分配函数：

$M_1(\{h_1\})=0.9\times0.9=0.81$

$M_1(\{h_2\})=0.9\times0.1=0.09$

$M_1(\{h_1,h_2,h_3\})=1-M_1(\{h_1\})-M_1(\{h_2\})=1-0.81-0.09=0.1$

$M_2(\{h_1\})=0.4\times0.8=0.32$

$M_2(\{h_2\})=0.4\times0.05=0.02$

$M_2(\{h_1,h_2,h_3\})=1-M_2(\{h_1\})-M_2(\{h_2\})=1-0.32-0.02=0.66$

将两个概率分配函数组合：

$$\begin{aligned}K&=1/\{1-[M_1(\{h_1\})M_2(\{h_2\})+M_1(\{h_2\})M_2(\{h_1\})]\}\\&=1/\{1-[0.81\times0.02+0.09\times0.32]\}\\&=1/\{1-0.045\}=1/0.955\\&=1.05\end{aligned}$$

$$\begin{aligned}M(\{h_1\})&=K[M_1(\{h_1\})M_2(\{h_1\})+M_1(\{h_1\})M_2(\{h_1,h_2,h_3\})+\\&\quad M_1(\{h_1,h_2,h_3\})M_2(\{h_1\})]\\&=1.05\times0.8258=0.87\end{aligned}$$

$$\begin{aligned}M(\{h_2\})&=K[M_1(\{h_2\})M_2(\{h_2\})+M_1(\{h_2\})M_2(\{h_1,h_2,h_3\})+\\&\quad M_1(\{h_1,h_2,h_3\})M_2(\{h_2\})]\\&=1.05\times0.0632=0.066\end{aligned}$$

$M(\{h_1,h_2,h_3\})=1-M(\{h_1\})-M(\{h_2\})=1-0.87-0.066=0.064$

信任函数：

$\mathrm{Bel}(\{h_1\})=M(\{h_1\})=0.87$

$\mathrm{Bel}(\{h_2\})=M(\{h_2\})=0.066$

似然函数：

$$\begin{aligned}\mathrm{Pl}(\{h_1\})&=1-\mathrm{Bel}(\neg\{h_1\})=1-\mathrm{Bel}(\{h_2,h_3\})\\&=1-[M(\{h_2\}+M(\{h_3\})=1-[0.066+0]=0.934\end{aligned}$$

$$\begin{aligned}\mathrm{Pl}(\{h_2\})&=1-\mathrm{Bel}(\neg\{h_2\})=1-\mathrm{Bel}(\{h_1,h_3\})\\&=1-[M(\{h_1\}+M(\{h_3\})=1-[0.87+0]=0.13\end{aligned}$$

结论：小王可能是感冒了。

小　结

本章介绍不确定性推理。不确定性推理就是从不确定性的初始证据（即已知事实）出发，运用不确定性的知识（或规则），推出具有一定程度的不确定性但却是合理或近乎合理的结论。

本章介绍的不确定性推理主要有概率推理（贝叶斯推理）、主观贝叶斯方法、可信度方法和证据理论。其中概率推理和主观贝叶斯是本章的重点。

概率推理是一种统计融合算法，主要是基于贝叶斯法则来进行推理的。该方法需要根据观测空间的先验知识来实现对观测空间里的物体的识别。在给定证据的条件下，贝叶斯推理能提供一种计算条件概率即后验概率的方法。主观贝叶斯方法是以概率统计理论为基础，将贝叶斯公式与专家及用户的主观经验相结合而建立的一种不确定性推理模型。

可信度方法是基于可信度表示的不确定性推理的基本方法，具有直观、简单，且效果好等优点。证据理论最早应用于专家系统中，具有处理不确定信息的能力。作为一种不确定推理方法，证据理论的主要特点是：满足比贝叶斯概率论更弱的条件；具有直接表达“不确定”和“不知道”的能力。

思考与练习

1. 设某工厂有两个车间生产同型号家用电器，第一车间的次品率为 0.15，第二车间的次品率为 0.12，两个车间的成品都混合堆放在一个仓库，假设第 1、2 车间生产的成品比例为 2∶3，今有一客户从成品仓库中随机提一台产品，求该产品合格的概率。

2. 设某工厂有甲、乙、丙三个车间生产同一种产品，已知各车间的产量分别占总产量的 25%、35%、40%，且各车间的不合格品率依次为 5%、4%、2%。(1) 现从待出厂产品中任取一件，问恰好抽到不合格品的概率为多少？(2) 该不合格品由甲车间生产的概率是多少？

3. 说明主观贝叶斯方法中 LS 和 LN 的含义。

4. 已知：

$$r_1:\ \text{IF}\ \ E_1\ \ \text{THEN}\ \ (20,1)\ \ H_1(0.03)$$

$$r_2:\ \text{IF}\ \ E_2\ \ \text{THEN}\ \ (10,1)\ \ H_2(0.08)$$

$$r_3:\ \text{IF}\ \ E_3\ \ \text{THEN}\ \ (10.02)\ \ H_3(0.5)$$

求：当证据 E_1、E_2、E_3 存在及不存在时，$P(H_i|E_i)$及 $P(H_i|\sim E_i)$的值各为多少？

5. 什么是可信度？由可信度因子 CF(H,E) 的定义说明它的含义？

6. 已知规则可信度为：

$$r_1:\ \text{IF}\ \ E_1\ \ \text{THEN}\ \ H_1(0.7)$$

$$r_2:\ \text{IF}\ \ E_2\ \ \text{THEN}\ \ H_1(0.6)$$

$$r_3:\ \text{IF}\ \ E_3\ \ \text{THEN}\ \ H_1(0.4)$$

$$r_4:\ \text{IF}\ \ H_1\ \ \text{AND}\ \ E_4\ \ \text{THEN}\ \ H_2(0.2)$$

证据可信度为

$$\text{CF}(E_1)=\text{CF}(E_2)=\text{CF}(E_3)=\text{CF}(E_4)=\text{CF}(E_5)=0.5$$

H_2 的初始可信度为 $\text{CF}_0(H_2)=0.3$，计算结论 H_2 的可信度 $\text{CF}(H_2)$。

7. 证据理论中概率分配函数与概率相同吗？为什么？

第5章

机器学习

人工智能主要是为了研究人的智能，模仿其机理，将其应用于工程的科学。在这个过程中必然会问道："人类怎样才能获取这种特殊技能（或知识）?"

现在的人工智能系统还没有或仅有有限的学习能力，系统中的知识由人工编程送入系统，知识中的错误也不能自动改正。也就是说，现有的人工智能系统不能自动获取和生成知识。

专机器学习专门研究计算机怎样模拟或实现人类的学习行为，以获取新的知识或技能，重新组织已有的知识结构使之不断改善自身的性能。

5.1 机器学习概述

5.1.1 机器学习的概念

机器学习（machine learning）是一门研究计算机如何模拟人类学习活动、自动获取知识的一门学科。

机器学习是知识工程的3个分支（获取知识、表示知识、使用知识）之一，也是人工智能的一个重要研究领域。

机器学习的概念（见图5-1）：

(1) 机器学习就是让计算机来模拟和实现人类的学习功能。

(2) 利用经验来改善计算机系统自身的性能。

机器学习技术是从数据当中挖掘出有价值信息的重要手段，它通过对数据建立抽象表示并基于表示进行建模，然后估计模型的参数，从而从数据中挖掘出对人类有价值的信息。

机器学习的主要研究内容：

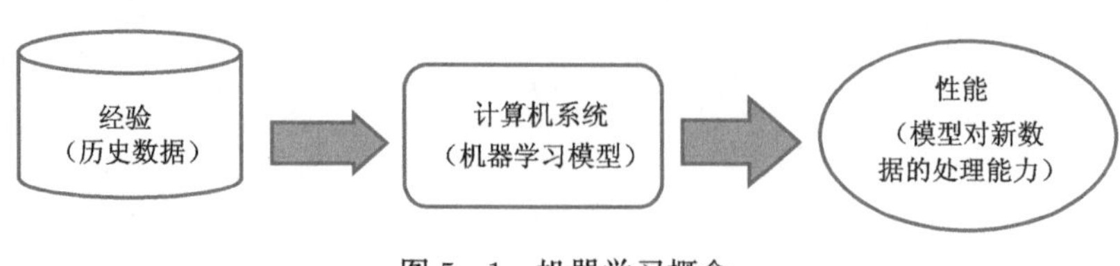

图 5-1　机器学习概念

（1）认知模拟。通过对人类学习机理的研究和模拟，从根本上解决机器学习方面存在的种种问题。

（2）理论性分析。从理论上探索各种可能的学习方法，并建立起独立于具体应用领域的学习算法。

（3）面向任务的研究。根据特定任务的要求建立相应的学习系统。

5.1.2　机器学习的发展过程

1. 神经元模型研究（20 世纪 50 年代中期到 60 年代初期）

这一阶段是机器学习的热烈时期，具有代表性的工作是罗森勃拉特 1957 年提出的感知器模型。

2. 符号概念获取（20 世纪 60 年代中期到 70 年代初期）

这一阶段主要研究目标是模拟人类的概念学习过程。这一阶段神经网络模型研究落入低谷，是机器学习的冷静时期。

3. 知识强化学习（20 世纪 70 年代中期到 80 年代初期）

这一阶段人们开始把机器学习与各种实际应用相结合，尤其是专家系统在知识获取方面的需求，是机器学习的复兴时期。

4. 连接学习和混合型学习（20 世纪 80 年代中期至今）

这一阶段把符号学习和连接学习结合起来的混合型学习系统研究已经成为机器学习研究的一个新的热点。

5.1.3　机器学习系统的基本模型

机器学习系统的基本模型如图 5-2 所示。其中，环境是学习系统所感知的外界信息集合。学习环节对环境提供的信息进行整理、分析归纳或类比，形成知识。知识库存储经过加工后的信息（即知识）。执行环节根据知识库去执行一系列任务，并将执行结果或执行过程中获得的信息反馈给学习环节。学习环节再利用反馈信息对知识进行评价，进一步改善执行环节的行为。

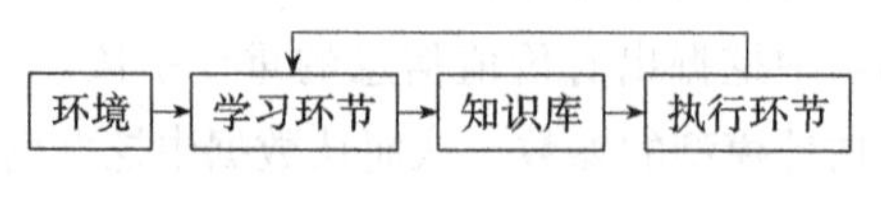

图 5-2　学习系统的基本模型

5.1.4　机器学习的主要策略

按照学习中使用推理的多少，机器学习的主要策略有：

(1) 根据学习策略分类，即按学习中所使用的推理方法分类，机器学习可分为记忆学习、传授学习、演绎学习、类比学习、归纳学习等。

(2) 根据应用领域分类，机器学习可分为专家系统学习、机器人学习、自然语言理解学习等。

(3) 根据对人类学习的模拟方式分类，机器学习可分为符号主义学习、连接主义学习（神经网络学习）等。

(4) 根据学习的基本方法的角度，机器学习可以分为有监督学习、无监督学习、迁移学习。

1. 有监督学习

在样本标签已知的情况下，可以统计出各类训练样本不同的描述量，如其概率分布或在特征空间分布的区域等，利用这些参数进行分类器设计，称为有监督学习方法。

如图 5-3 所示，有监督学习是利用算法建立输入变量和输出变量的函数关系的过程，机器通过训练输入来指导算法不断改进，误差可以作为纠正信号传回到模型，以促使改进。

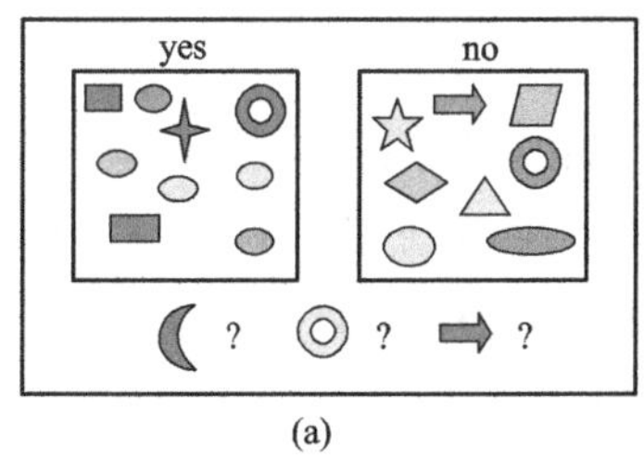

(a)

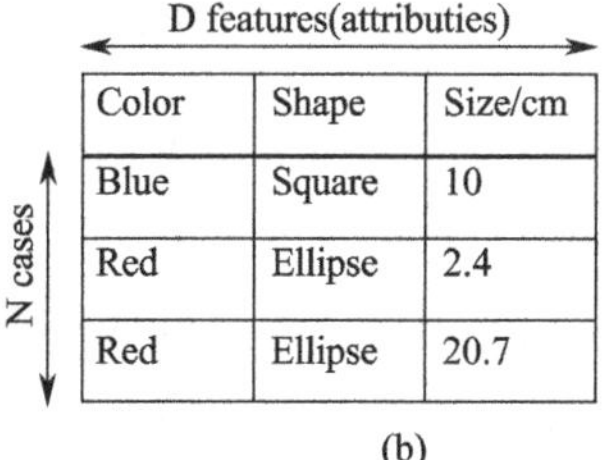

(b)

图 5-3　有监督学习

2. 无监督学习

在实际应用中，不少情况下无法预先知道样本的标签，也就是说没有训练样本，因而只能从原先没有样本标签的样本集开始进行分类器设计，这就是无监督学习方法。

对于一个具体问题来说，有监督学习和无监督学习的做法是不同的。

有监督学习建立在样本标签的基础上如图 5-4 (a) 所示。无监督学习通过模型不断地自我认知、自我巩固，最后通过自我归纳来实现其学习过程，如图 5-4 (b) 所示。

无监督学习不需要大量的标注数据（如深度学习）；实际上，无监督学习更接近人类的学习方式（如婴儿认识猫）。

3. 迁移学习

迁移学习的概念是由美国国防高级研究计划局（DARPA）在 2005 年正式提出的一项研究计划。迁移学习是指系统能够将在先前任务中学到的知识或技能应用于一个新的任务或领域。传统机器学习与迁移学习的比较如图 5-5 所示。

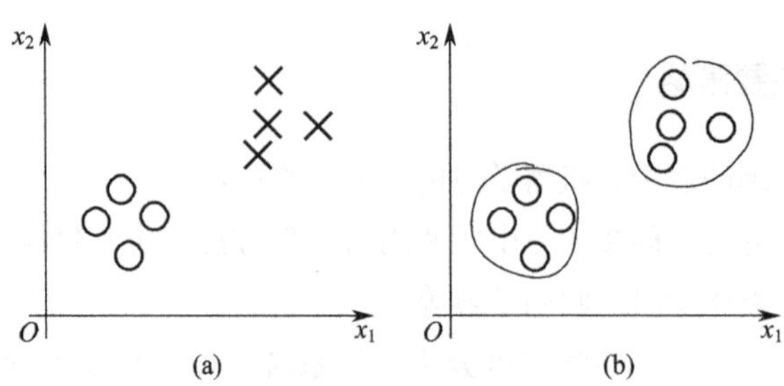

图 5-4　有监督学习和无监督学习的区别

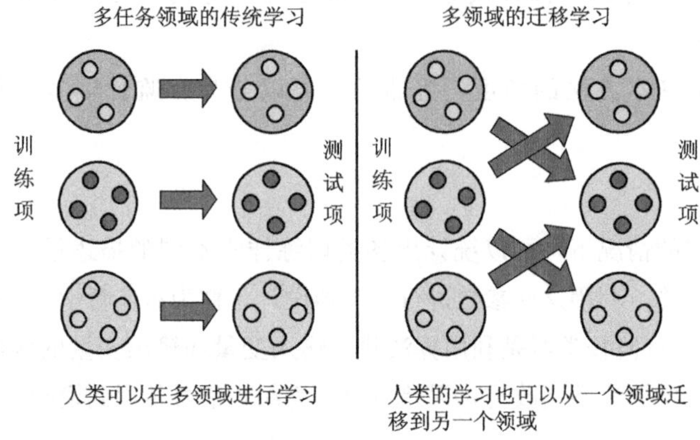

图 5-5　传统机器学习和迁移学习比较

人类也具有这样的能力，比如学会了钢琴，就可以把乐理知识应用到学习长笛中，或者说学习长笛会更容易一些；学会了 C＋＋，可以把它的一些思想用在学习 Java 中。用通俗的语言总结，就是传统机器学习＝“种瓜得瓜，种豆得豆”，迁移学习＝“举一反三”。

迁移学习有样本迁移、特征迁移和模型迁移等。

5.1.5　机器学习的问题

机器学习在实际应用时面临的情况较复杂多变，还未达到一定的智能化，可以简单进行实际应用的状态，需要结合实际来考虑问题：

(1) 存在什么样的算法能从特定的训练数据学习一般的目标函数？如果提供了充足的训练数据，什么样的条件下，会使特定的算法收敛到期望的函数？哪个算法对哪些问题和表示的性能最好？

(2) 多少训练数据是充足的？怎样找到学习到假设的置信度与训练数据的数量及提供给学习器的假设空间特性之间的一般关系？

(3) 学习器拥有的先验知识是怎样引导从样例进行泛化的过程的？当先验知识仅仅是近似正确时，它们会有帮助吗？

(4) 怎样把学习任务简化为一个或多个函数逼近问题？换一种方式，系统该试图学习哪些函数？这个过程本身能自动完成吗？

(5) 学习器怎样自动地改变表示法来提高表示和学习目标函数的能力？

5.2　记忆学习

5.2.1　概念

记忆学习（rote learning）也称机械式学习、死记硬背学习，是一种最基本的学习过程。

记忆学习的基本过程是：执行元素每解决一个问题，系统就记住这个问题和它的解，当以后再遇到此类问题时，系统就不必重新进行计算，而可以直接找出原理的解去使用。

5.2.2　学习模型

记忆学习的模型如图 5－6 所示。

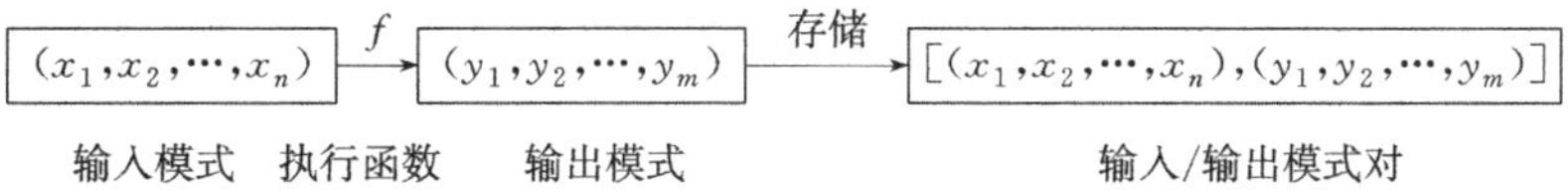

$$(x_1,x_2,\cdots,x_n) \xrightarrow{f} (y_1,y_2,\cdots,y_m) \xrightarrow{\text{存储}} [(x_1,x_2,\cdots,x_n),(y_1,y_2,\cdots,y_m)]$$

输入模式　执行函数　输出模式　输入/输出模式对

图 5－6　记忆学习模型

记忆学习系统就是要把这一输入/输出模式对

$$[(x_1,x_2,\cdots,x_n),(y_1,y_2,\cdots,y_m)]$$

保存在知识库中，当以后再需要计算 $f(x_1,x_2,\cdots,x_n)$ 时，就可以直接从存储器中把 $(y_1,y_2,\cdots,y_m)$ 检索出来，而不需要再重新进行计算。

记忆学习是以存储空间换取处理时间。

记忆学习需要考虑以下 3 个问题：

（1）存储结构：如何存储，才能使得检索时间小于计算时间。

（2）环境稳定性。

（3）记忆与计算的权衡，只存储最常使用的信息。

5.3　归纳学习

归纳学习是指以归纳推理为基础的学习，其任务是要从某个概念的一系列已知的正例和反例中归纳出一个一般的概念描述。

5.3.1　示例学习

示例学习是归纳学习的一种特例。它给学习者提供某一概念的一组正例和反例，学习者归纳出一个总的概念描述，并确保这个描述适合于所有的正例，排除所有的反例。

1. 示例学习的模型

图 5－7 所示为示例学习的模型。其中，示例空间是向系统提供的示教例子的集合。解

释过程是从搜索到的示例中抽象出一般性的知识的归纳过程。规则空间是事物所具有的各种规律的集合。验证过程是从示例空间中选择新的示例，对刚刚归纳出的做进一步的验证和修改。

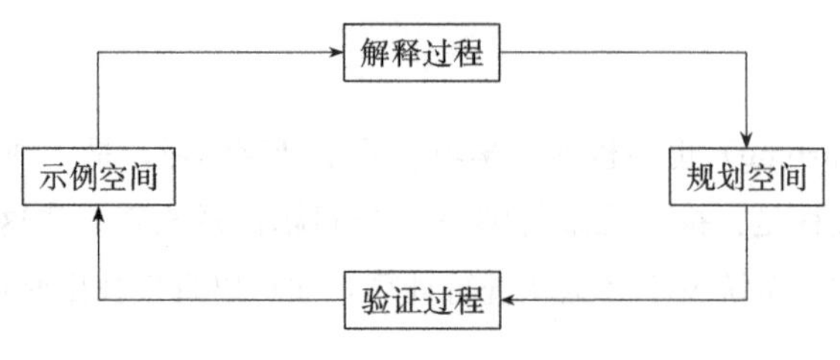

图 5－7　示例学习模型

2. 示例学习的解释过程

解释过程是从具体示例形成一般性知识所采用的归纳推理方法。最常用的解释方法有以下 4 种：

(1) 把常量转换为变量。

把示例中的常量换成变量而得到一个一般性的规则。

【例 5.1】 假设示例空间中有两个扑克牌中关于“同花”概念的示例：

示例 1：

花色(c_1,梅花)∧花色(c_2,梅花)∧花色(c_3,梅花)∧花色(c_4,梅花)∧花色(c_5,梅花)→同花(c_1,c_2,c_3,c_4,c_5)：表示 5 张梅花牌是同花。

示例 2：

花色(c_1,红桃)∧花色(c_2,红桃)∧花色(c_3,红桃)∧花色(c_4,红桃)∧花色(c_5,红桃)→同花(c_1,c_2,c_3,c_4,c_5)：表示 5 张红桃牌是同花。

解释过程：

对这两个示例，只要把“梅花”和“红桃”用变量 x 代换，就可以得到如下一般性规则：

规则 1：

花色(c_1,x)∧花色(c_2,x)∧花色(c_3,x)∧花色(c_4,x)∧花色(c_5,x)→同花(c_1,c_2,c_3,c_4,c_5)

(2) 去掉条件。

把示例中的某些无关的子条件舍去。

【例 5.2】 有如下示例：

示例 3：花色(c_1,红桃)∧点数(c_1,2)
∧花色(c_2,红桃)∧点数(c_1,3)
∧花色(c_3,红桃)∧点数(c_1,4)
∧花色(c_4,红桃)∧点数(c_1,5)
∧花色(c_5,红桃)∧点数(c_1,6)
→同花(c_1,c_2,c_3,c_4,c_5)

为了学习同花的概念，除了需要把常量变为变量外，还需要把与花色无关的子条件“点数”舍去。这样也可以得到同花的规则 1：

规则 1：

花色(c_1,x)∧花色(c_2,x)∧花色(c_3,x)∧花色(c_4,x)∧花色(c_5,x)→同花(c_1,c_2,c_3,c_4,c_5)

（3）增加选择。

在析取条件中增加一个新的析取项。常用的增加析取项的方法有前件析取法和内部析取法两种。

前件析取法是通过对示例的前件的析取来形成知识的。

【例 5.3】 有如下示例：

示例 4：点数(c_1,J)→脸(c_1)。

示例 5：点数(c_1,Q)→脸(c_1)。

示例 6：点数(c_1,K)→脸(c_1)。

将各示例的前件进行析取，就可以得到所要求的规则：

规则 2：

点数(c_1,J)∨点数(c_1,Q)∨点数(c_1,K)→脸(c_1)

内部析取法是在示例的表示中使用集合与集合的成员关系来形成知识。

【例 5.4】 有如下一组关于“脸牌”的示例：

示例 7：点数 $c_1\in\{\mathrm{J}\}$→脸(c_1)

示例 8：点数 $c_1\in\{\mathrm{Q}\}$→脸(c_1)

示例 9：点数 $c_1\in\{\mathrm{K}\}$→脸(c_1)

用内部析取法，可得到如下规则：

规则 3：

点数 $c_1\in\{\mathrm{J},\mathrm{Q},\mathrm{K}\}$→脸$(c_1)$

（4）曲线拟合。

对数值问题的归纳可采用最小二乘法进行曲线拟合。

假设示例空间中的每个元素（x，y，z）都是输入 x、y 与输出 z 之间关系的三元组。

【例 5.5】 有如下 3 示例：

示例 10：（0，2，7）。

示例 11：（6，−1，10）。

示例 12：（−1，−5，−16）。

用最小二乘法进行曲线拟合，可得 x、y、z 之间关系的规则如下：

规则 4：

$z=2x+3y+1$

需要注意的是，在上述前 3 种方法中，方法（1）是把常量转换为变量，方法（2）是去掉合取项（约束条件）；方法（3）是增加析取项。它们都是要扩大条件的适用范围。从归纳速度上看，方法（1）的归纳速度快，但容易出错；方法（2）的归纳速度慢，但不容易出错。因此，在使用方法（1）时应特别小心。例如，对示例 4～示例 6，若使用方法（1），则会归纳出如下的错误规则：

规则 5：

点数(c_1,x)→脸(c_1)　　（错误）

5.3.2 决策树学习

1. 决策树学习概述

分类决策树模型是一种描述对实例进行分类的树状结构。决策树由节点和有向边组成。节点有两种类型：内部节点和叶节点。内部节点表示一个特征或属性，叶节点表示一个类，如图 5-8 所示。

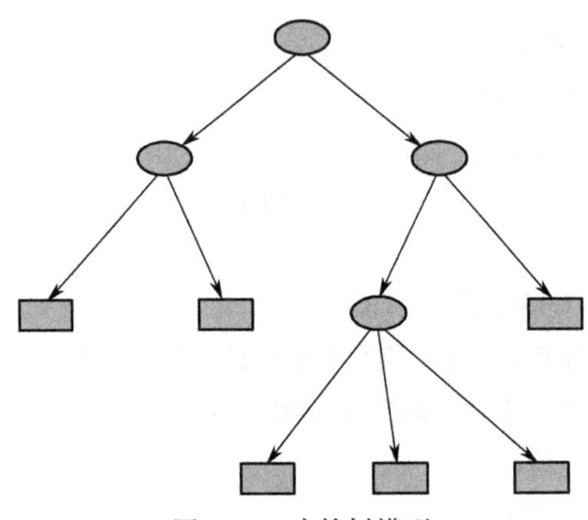

图 5-8 决策树模型

决策树的规则可以表示为 if…then 规则。

由决策树的根节点到叶节点的每一条路径构建一条规则；路径上内部节点的特征对应着规则的条件，而叶节点的类对应着规则的结论。

if…then 规则集合的一个重要性质是互斥并且完备。

下面看一个鸟类识别的简单决策树，如图 5-9 所示。

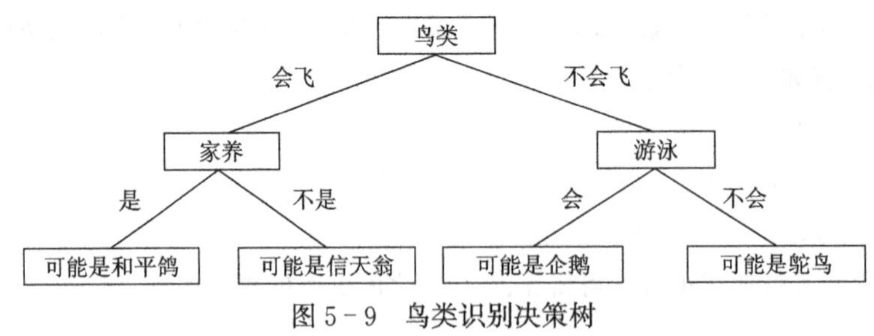

图 5-9 鸟类识别决策树

决策树还可以表示成规则的形式。图 5-9 所示的决策树可表示为如下规则集：

```
IF  鸟类会飞    AND  是家养的    THEN  该鸟类是和平鸽
IF  鸟类会飞    AND  不是家养的  THEN  该鸟类是信天翁
IF  鸟类不会飞  AND  会游泳      THEN  该鸟类是企鹅
IF  鸟类不会飞  AND  不会游泳    THEN  该鸟类是鸵鸟
```

决策树学习过程实际上是一个构造决策树的过程。当学习完成后，就可以利用这棵决策树对未知事物进行分类。

决策树学习算法的最大优点是，它可以自学习。在学习的过程中，不需要使用者了解过多背景知识，只需要对训练实例进行较好的标注，就能够进行学习。决策树学习属于有监督学习，是从一类无序、无规则的事物（概念）中推理出决策树表示的分类规则。

决策树学习的特征选择就是选取对训练数据具有分类能力的特征。在决策树算法中，关键就是每次选择一个特征。

表 5-1 所示为一个由 15 个样本组成的贷款申请训练数据。数据包括贷款申请人的 4 个特征。表的最后一列是类别，表明是否同意贷款，取两个值：是、否。

表 5-1 贷款申请训练数据

ID	年龄	有工作	有自己的房子	信贷情况	类别
1	青年	否	否	一般	否
2	青年	否	否	好	否
3	青年	是	否	好	是
4	青年	是	是	一般	是
5	青年	否	否	一般	否
6	中年	否	否	一般	否
7	中年	否	否	好	否
8	中年	是	是	好	是
9	中年	否	是	非常好	是
10	中年	否	是	非常好	是
11	老年	否	是	非常好	是
12	老年	否	是	好	是
13	老年	是	否	好	是
14	老年	是	否	非常好	是
15	老年	否	否	一般	否

希望通过所给的训练数据学习一个贷款申请的决策树，用以对未来的贷款申请进行分类。

特征选择是决定用哪个特征来划分特征空间。

如果按年龄属性分类，可以得到图 5-10（a）所示的决策树；如果按是否有工作分类，可以得到图 5-10（b）所示的决策树。

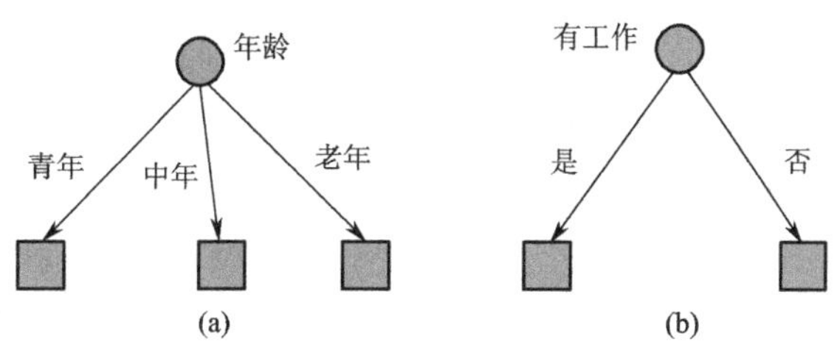

图 5-10 不同特征决定的不同决策树

建立决策树的关键，即在当前状态下选择哪个属性作为分类依据。一般而言，随着划分过程不断进行，希望决策树的分支节点所包含的样本尽可能属于同一类别，即节点的“纯度”越来越高。根据不同的目标函数，建立决策树主要有以下 3 种算法：

（1）ID3 算法：核心是信息熵。

（2）C4.5 算法：ID3 的改进，核心是信息增益比。

（3）CART 算法：核心是基尼指数。

2. ID3 算法

在现有的各种决策树学习算法中，影响较大的是 ID3 算法。ID3 算法是昆兰（J. R. Quinlan）于 1979 年提出的一种以信息熵（entropy）的下降速度作为属性选择标准的学习算法。其输入是一个用来描述各种已知类别的例子集，学习结果是一棵用于进行分类的决策树。

熵和信息的区别如图 5－11 所示。当一个随机变量有多种可能情况时，这个随机变量对某人而言具体是哪种情况的不确定性称为熵，而能够消除这种不确定性的事物称为信息。熵和信息数量相等，意义相反。

例如，小明不会某道数学题，熵在 A、B、C、D 等概率时最大，在确定了 C 是正确答案后最小。

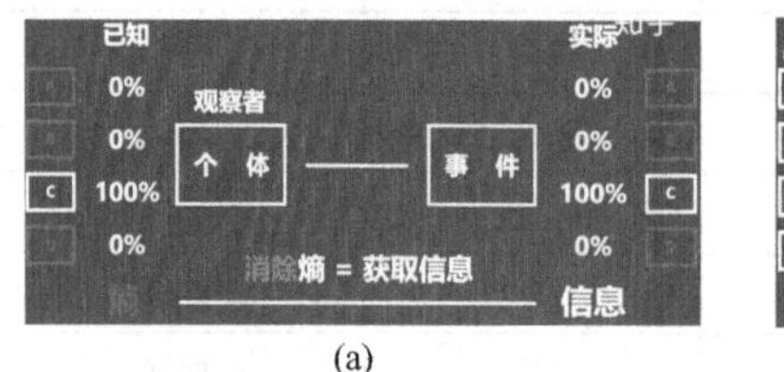

(a)

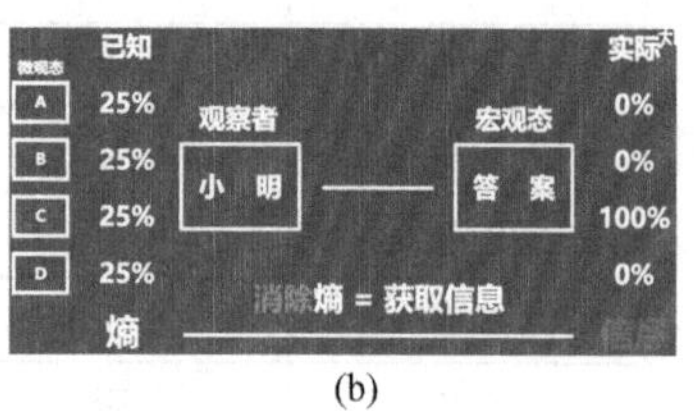

(b)

图 5－11　熵和信息的区别

（1）ID3 算法的数学基础。

①信息熵。信息熵是对信息源整体不确定性的度量。假设 X 为信息源，x_i 为 X 所发出的单个信息，$P(x_i)$ 为 X 发出 x_i 的概率，则信息熵可定义为

$$
\begin{aligned}
H(X) &= -P(x_1)\log P(x_1) - P(x_2)\log P(x_2) - \cdots - P(x_r)\log P(x_r) \\
&= \sum_{i=1}^{k} P(x_i)\log P(x_i) \qquad (5-1)
\end{aligned}
$$

其中，k 为信息源 X 所发出的所有可能的信息类型，对数可以是各种数为底的对数。在 ID3 算法中，取以 2 为底的对数。

信息熵反应的是信息源发出一个信息所提供的平均信息量。

【例 5.6】 抛一枚均匀硬币的信息熵是多少？

解：出现正面与反面的概率均为 0.5，信息熵（见图 5－12）是

$$
H(X) = -\sum_{i=1}^{k} P(x_i)\log P(x_i) = -(0.5\log 0.5 + 0.5\log 0.5) = 1
$$

X 的信息熵有如下性质：

X 的所有成员属于同一类，Entropy$(X)=0$；

X 的正反样例数量相等，Entropy$(X)=1$；

X 的正反样例数量不等，熵介于 0～1 之间。

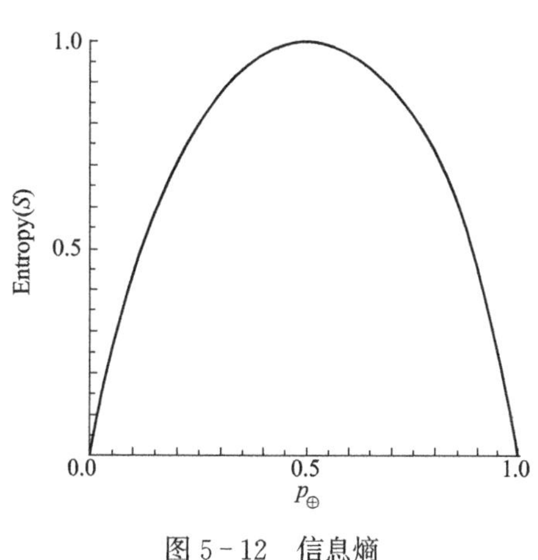

图 5-12　信息熵

②条件熵。条件熵代表在某一个条件下，随机变量的复杂度（不确定度）。

设有随机变量（X，Y），其联合概率分布为

$P(X=x_i,Y=y_j)=p_{ij}$，　$i=1,2,\cdots,n;j=1,2,\cdots,m$

条件熵 $H(Y|X)$表示在已知随机变量 X 的条件下，随机变量 Y 的不确定性。随机变量 X 给定的条件下，随机变量Y的条件熵 $H(Y|X)$定义为 X 给定的条件下 Y 的条件概率分布的熵对 X 的数学期望

$$H(Y \mid X)=\sum_{i=1}^{n} p_i H(Y \mid X=x_i) \quad (5-2)$$

这里，$p_i=P(X=x_i)$，$i=1,2,\cdots,n$。

（2）ID3 算法的学习过程：

①首先以整个例子集作为决策树的根节点 S，并计算 S 关于每个属性的条件熵。

②然后选择能使 S 的条件熵为最小的一个属性对根节点进行分裂，得到根节点的一层子节点。

③接着再用同样的方法对这些子节点进行分裂，直到所有叶节点的熵值都下降到 0 为止。

此时得到一棵与训练例子集对应的熵为 0 的决策树，即 ID3 算法学习过程所得到的最终决策树。该树中每一条根节点到叶节点的路径，都代表了一个分类过程，即决策过程。

【例 5.7】 用 ID3 算法完成学生选课的决策树。

假设将决策 y 分为以下 3 类：

y_1：必修 AI；

y_2：必修 AI；

y_3：必修 AI。

做出这些决策的依据有以下 3 个属性：

x_1：学历层次　$x_1=1$ 研究生，$x_1=2$ 本科生；

x_2：专业类别　$x_2=1$ 电信类，$x_2=2$ 机电类；

x_3：学习基础　$x_3=1$ 修过 AI，$x_3=2$ 未修 AI。

表 5-2 所示为一个关于选课决策的训练例子集 S。

表 5-2　选课决策例子集

序号	属性值			决策方案 y_1
	x_1	x_2	x_3	
1	1	1	1	y_3
2	1	1	2	y_1
3	1	2	1	y_3
4	1	2	2	y_2

续表

序号	属性值			决策方案 y_1
	x_1	x_2	x_3	
5	2	1	1	y_3
6	2	1	2	y_2
7	2	2	1	y_3
8	2	2	2	y_3

在表 5-2 中，训练例子集 S 的大小为 8。ID3 算法依据这些训练例子，以 S 为根节点，按照信息熵下降最大的原则构造决策树。

解： 首先对根节点，其信息熵为

$$H(S)=-\sum_{i=1}^{3}P(y_i)\log_2 P(y_i)$$

其中，3 为可选的决策方案数，且有

$$P(y_1)=1/8,\quad P(y_2)=2/8,\quad P(y_3)=5/8$$

即

$$H(S)=-(1/8)\log_2(1/8)-(2/8)\log_2(2/8)-(5/8)\log_2(5/8)=1.2988$$

按照 ID3 算法，需要选择一个能使 S 的条件熵为最小的属性对根节点进行分裂，因此需要先计算 S 关于每个属性的条件熵

$$H(S\mid x_i)=\sum_t \frac{|S_t|}{|S|}H(S_i)$$

其中，t 为属性 x_i 的属性值；S_t 为 $x_i=t$ 时的例子集；$|S|$和$|S_t|$分别是例子集 S 和 S_t 的大小。

先计算 S 关于属性 x_i 的条件熵：

在表 5-2 中，x_1 的属性值可以为 1 或 2。当 $x_1=1$ 时，$t=1$，有

$$S_1=\{1,2,3,4\}$$

当 $x_1=2$ 时，$t=2$，有

$$S_2=\{5,6,7,8\}$$

其中，和 S_2、S_1 中的数字均为例子集 S 中各个例子的序号，且有$|S|=8$，$|S_1|=|S_2|=4$。

由 S_1 可知

$$PS_1(y_1)=1/4,\quad PS_1(y_2)=1/4,\quad PS_1(y_3)=2/4$$

则

$$\begin{aligned}H(S_1)&=-PS_1(y_1)\log_2 PS_1(y_1)-PS_1(y_2)\log_2 PS_1(y_2)-PS_1(y_3)\log_2 PS_1(y_3)\\&=-(1/4)\log_2(1/4)-(1/4)\log_2(1/4)-(2/4)\log_2(2/4)=1.5\end{aligned}$$

再由 S_2 可知

$$PS_2(y_1)=0/4,\quad PS_2(y_2)=1/4,\quad PS_2(y_3)=3/4$$

则

$$\begin{aligned}H(S_2)&=-PS_2(y_2)\log_2 PS_2(y_2)-PS_2(y_3)\log_2 PS_2(y_3)\\&=-(1/4)\log_2(1/4)-(3/4)\log_2(3/4)=0.8113\end{aligned}$$

将 $H(S_1)$ 和 $H(S_2)$ 代入条件熵公式，有

$$H(S \mid x_1)=\sum_{t} \frac{|S_t|}{|S|} H(S_1)=\frac{|S_1|}{S} H(S_1)+\frac{|S_2|}{S} H(S_2)$$
$$=\frac{4}{8} \times 1.5+\frac{4}{8} \times 0.8113=1.1557$$

同理，可以求得

$$H(S|x_2)=1.1557$$
$$H(S|x_3)=0.75$$

可见，应选择属性 x_3 对根节点进行扩展。用属性 x_3 对 S 扩展后得到的部分决策树如图 5-13 所示。

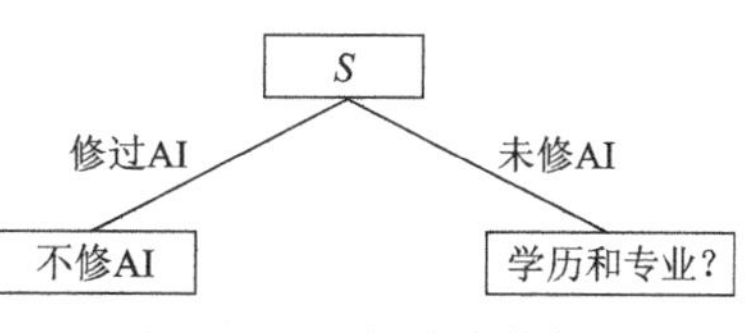

图 5-13 部分决策树

在该决策树中，节点“不修 AI”为决策方案 y_3。由于 y_3 已是具体的决策方案，故该节点的信息熵为 0，已经为叶节点，不需要再扩展。

节点“学历和专业?”的含义是需要进一步考虑学历和专业这两个属性，它是一个中间节点，还要继续扩展。通过计算可知，该节点对属性 x_1 和 x_2，其条件熵均为 1。由于它对于属性 x_1 和 x_2 的条件熵相同，因此可以先选择 x_1，也可以先选择 x_2。依此进行下去，可得图 5-14 所示的最终决策树。

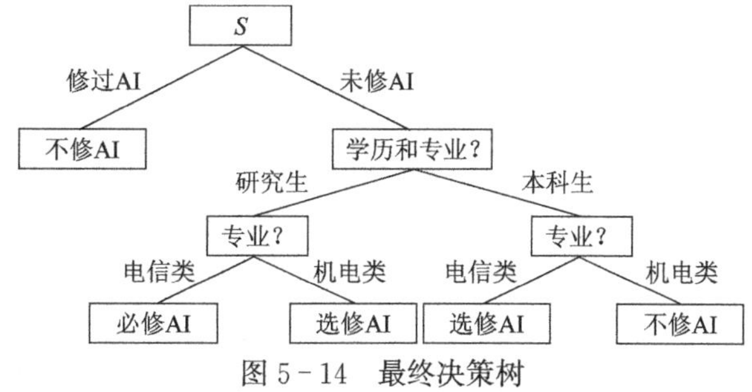

图 5-14 最终决策树

5.4 基于神经网络的学习

5.4.1 神经元与神经网络

1. 生物神经元模型

生物神经元如图 5-15 所示。神经元的基本功能是通过接收、整合、传导和输出信息实现信息交换，具有兴奋性、传导性和可塑性。

2. 人工神经网络模型

人工神经元模型是生物神经元的抽象和模拟。可看作多输入/单输出的非线性器件。人工神经元是组成人工神经网络的基本单元，一般具有 3 个要素：

（1）具有一组突触或联结，神经元 i 和神经元 j 之间的连接强度用 w_{ij} 表示，称为权值。

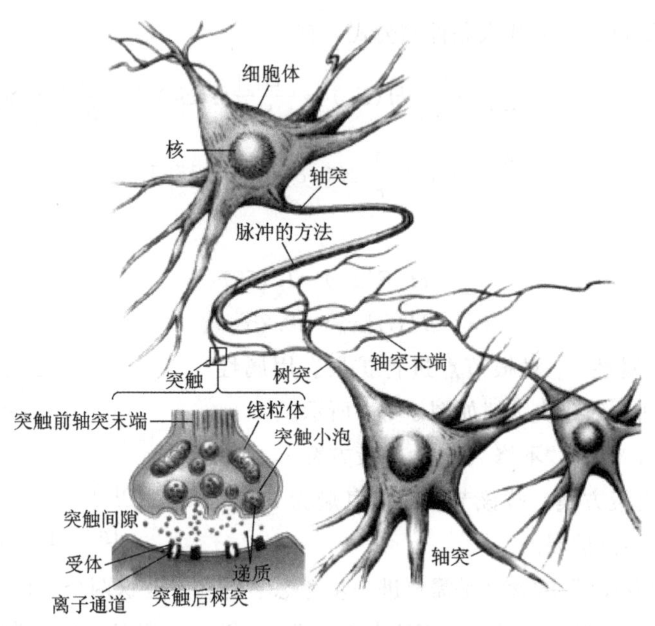

图 5－15　生物神经元

（2）具有反映生物神经元时空整合功能的输入信号累加器。

（3）具有一个激励函数用于限制神经元的输出和表征神经元的响应特征。

人工神经元如图 5－16 所示，其中，u_i 是神经元的内部状态；θ_i 是阈值；x_i 表示输入信号，$i=1,2,\cdots,n$；w_{ij} 表示从单元 u_j 到单元 u_i 的连接权值；s_i 是外部输入信号。

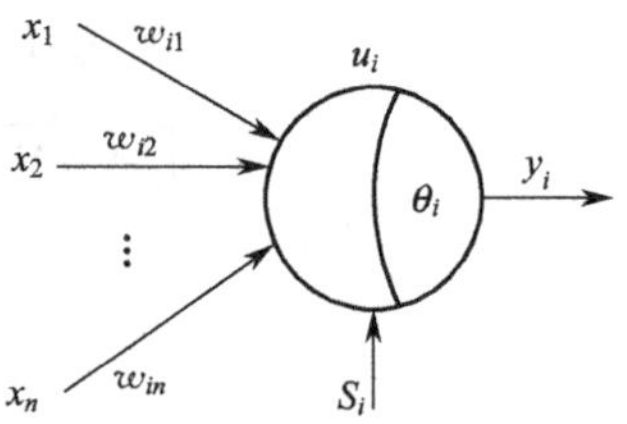

人工神经元的数学模型如下：

$$\mathrm{Net}_i=\sum_j w_{ij}x_j+s_i-\theta_i \tag{5-3}$$

$$u_i=f(\mathrm{Net}_i) \tag{5-4}$$

$$y_i=g(u_i) \tag{5-5}$$

图 5－16　人工神经元示意图

通常可以假设 $g(u_i)=u_i$，则

$$y_i=f(\mathrm{Net}_i) \tag{5-6}$$

其中，f 为激励函数，通常有 4 种类型。

（1）阈值型。

阈值型激励函数如图 5－17 所示，可用如下函数表示：

$$f(\mathrm{Net}_i)=\begin{cases}1,\text{当 }\mathrm{Net}_i>0\\0,\text{当 }\mathrm{Net}_i\leqslant 0\end{cases} \tag{5-7}$$

（2）分段线性型激励函数如图 5－18 所示，可用如下函数表示：

分段线性型

$$f(\mathrm{Net}_i)=\begin{cases}0, & \text{当 }\mathrm{Net}_i\leqslant \mathrm{Net}_{i0}\\k\mathrm{Net}_i, & \text{当 }\mathrm{Net}_{i0}\leqslant \mathrm{Net}_i\leqslant \mathrm{Net}_{i1}\\f_{\max}, & \text{当 }\mathrm{Net}_i\geqslant \mathrm{Net}_{i1}\end{cases} \tag{5-8}$$

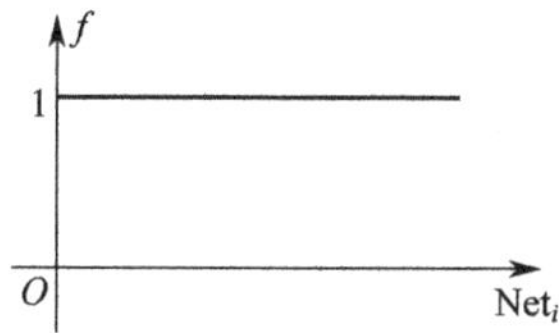

图 5－17　阈值型激励函数

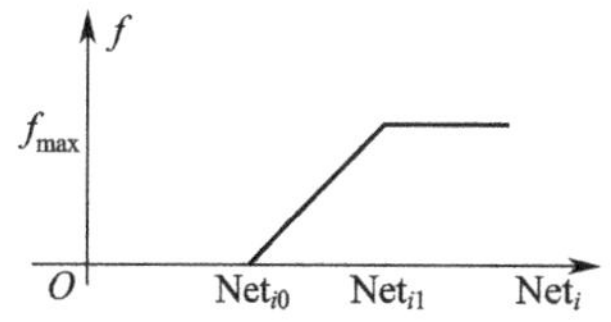

图 5－18　分段线性型激励函数

（3）Sigmoid 函数型。

Sigmoid 函数型激励函数如图 5－19 所示，可用如下函数表示：

$$f(\text{Net}_i)=\frac{1}{1+\text{e}^{-\text{Net}_i/T}} \tag{5-9}$$

（4）Tan 函数型。

Tan 函数型激励函数如图 5－20 所示，可用如下函数表示：

$$f(\text{Net}_i)=\frac{\text{e}^{\text{Net}_i/T}-\text{e}^{-\text{Net}_i/T}}{\text{e}^{\text{Net}_i/T}+\text{e}^{-\text{Net}_i/T}} \tag{5-10}$$

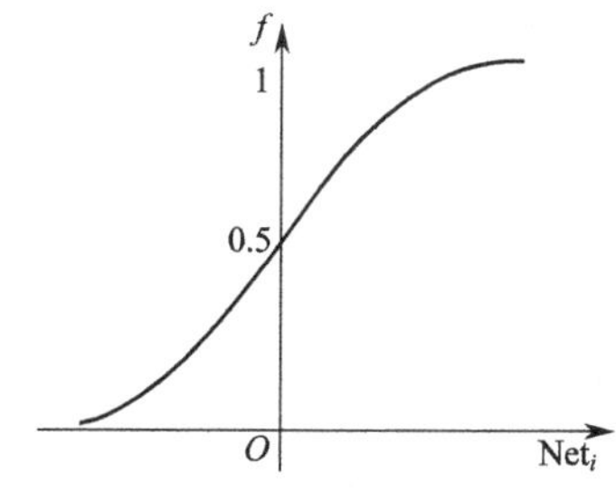

图 5－19　Sigmoid 函数型激励函数

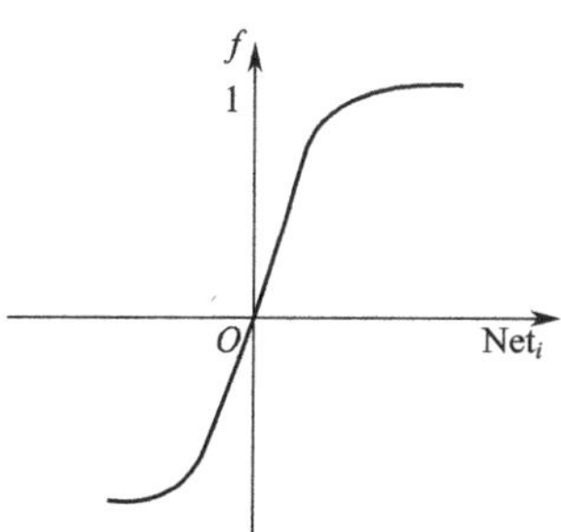

图 5－20　Tan 函数型激励函数

神经网络模型的种类相当丰富，已有近 40 余种各式各样的神经网络模型。根据连接方式的不同，神经网络的结构类型主要分 4 类：前向网络，如图 5－21(a) 所示；反馈网络，如图 5－21(b) 所示；相互结合型网络，如图 5－21(c) 所示；混合型网络，如图 5－21(d) 所示。

3. 神经网络的学习算法

根据是否存在期望的网络输出，神经网络的学习可以分为有导师学习和无导师学习。

（1）有导师学习：就是在训练过程中，始终存在一个期望的网络输出，如图 5－22（a）所示。期望输出和实际输出之间的距离作为误差度量并用于调整权值。

（2）无导师学习：无导师学习指的是网络不存在一个期望的输出值，需建立一个间接的评价函数，如图 5－22（b）所示。无导师学习只规定学习方式或某些规则，具体的学习内容随系统所处环境（即输入信号情况）而异，网络根据外界环境所提供数据的某些统计规律来实现自身参数或结构的调节，从而表示出外部输入数据的某些固有特征。

根据连接权系数的改变方式不同，神经网络的学习又可分为如下 3 类：

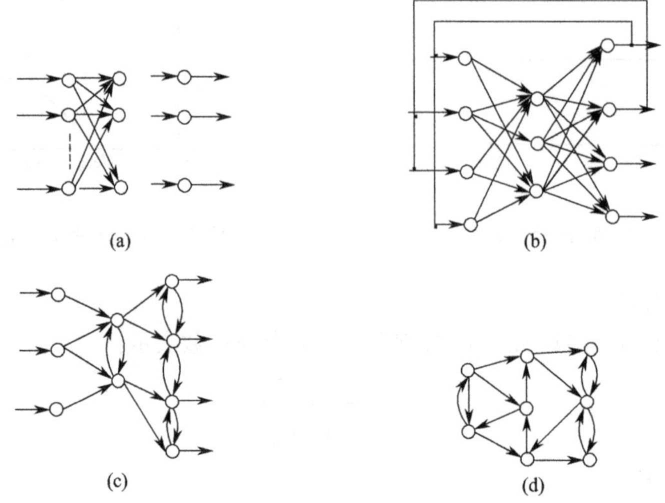

图 5-21　神经网络类型

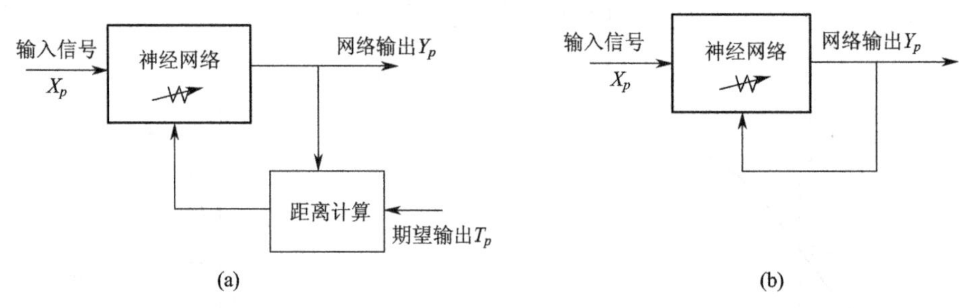

图 5-22　神经网络学习

(1) 相关学习：仅仅根据连接间的激活水平改变权系数。它常用于自联想网络。

最常见的相关学习算法是 Hebb 规则：如果单元 u_i 接收来自另一单元 u_j 的输出，那么，如果两个单元都高度兴奋，则从 u_j 到 u_i 的权值 w_{ij} 便得到加强。用数学形式可以表示为

$$\Delta w_{ij}=\eta y_i o_j \tag{5-11}$$

其中，η 表示学习步长。

(2) 纠错学习：有导师学习方法，依赖关于输出节点的外部反馈改变权系数。它常用于感知器网络、多层前向传播网络和 Boltzmann 机网络。其学习的方法是梯度下降法。

最常见的纠错学习算法有 δ 规则、模拟退火学习规则。

δ 规则学习信号就是网络的期望输出 t 与网络实际输出 y 的偏差 $\delta_j=t_j-y_j$。连接权阵的更新规则为

$$\Delta w_{ij}=\eta\delta_j y_i \tag{5-12}$$

(3) 无导师学习：无导师学习表现为自适应实现输入空间的检测规则。它常用于 ART、Kohonen 自组织网络。

无导师学习的常用算法有 Winner-Take-All 学习规则。

假设输出层共有 n_o 个输出神经元，且当输入为 x 时，第 m 个神经元输出值最大，则称此神经元为胜者，并将与此胜者神经元相连的权系数 w_m 进行更新。其更新公式为

$$\Delta w_{mj}=\eta(x_j-w_{mj}),\qquad j=1,2,\cdots,n_i \tag{5-13}$$

式中，$\eta>0$，为小常数。

5.4.2　前向神经网络

前向神经网络是由一层或多层非线性处理单元组成。相邻层之间通过突触权系数连接起来。由于每一层的输出传播到下一层的输入，因此称此类网络结构为前向神经网络。前向神经网络主要有 3 种结构：单一神经元、单层神经网络结构和多层神经网络结构。

1. 单一神经元

每一神经元的激励输出是由一组连续输入信号 x_i，$i=1,2,\cdots,n_i$ 决定的，而这些输入信号代表着从另外神经元传递过来的神经脉冲的瞬间激励。设 y 代表神经元的连续输出状态值，如图 5－23 所示。

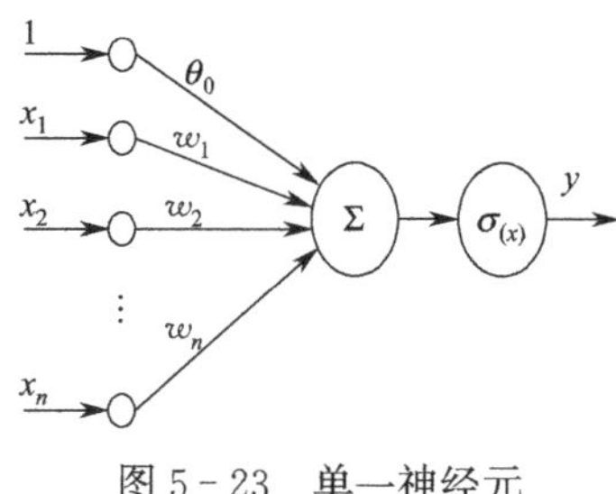

图 5－23　单一神经元

神经元的输出为

$$y=\sigma\left(\sum_{j=1}^{n}w_j x_j+\theta_0\right) \tag{5-14}$$

其中，σ 是激励函数；θ_0 是阈值；w_j 是第 j 个输入的突触权系数。

2. 单层神经网络结构

由 n_i 个输入单元和 n_o 的输出单元组成。系统中 n_i 个输入变量用 x_j，$j=1,\ 2,\cdots,n_i$ 表示，n_o 个输出变量用 $y_i,i=1,2,\cdots,n_o$ 表示。

单层神经网络结构如图 5－24 所示。网络的输出为：

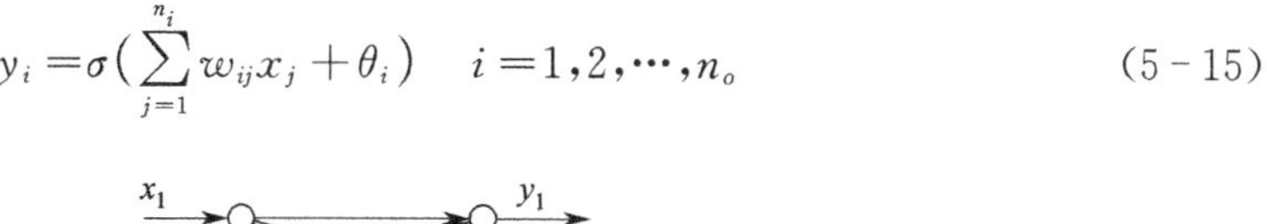

$$y_i=\sigma\left(\sum_{j=1}^{n_i}w_{ij}x_j+\theta_i\right)\quad i=1,2,\cdots,n_o \tag{5-15}$$

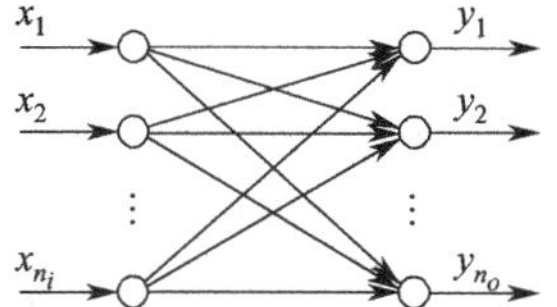

图 5－24　单层神经网络结构

3. 多层神经网络结构

多层神经网络结构是在输入层和输出层之间嵌入一层或多层隐含层的网络结构。隐含单元既可以与输入输出单元相连，也可以与其他隐含单元相连。

只有一个隐含层的多层神经网络如图 5-25 所示。

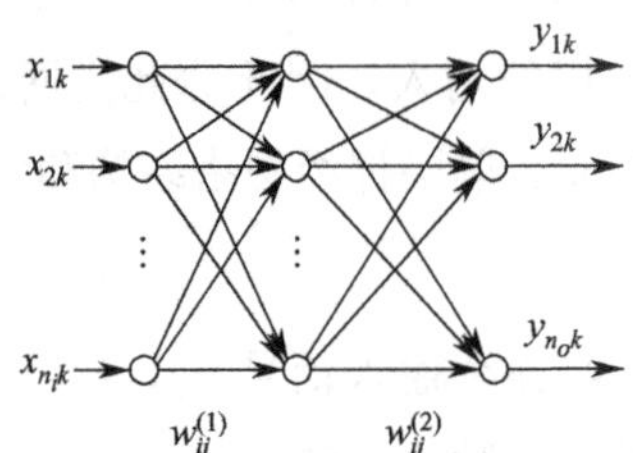

图 5-25　单隐含层网络

设系统中输入层有 n_i 个神经元，隐含层有 n_h 个神经元，输出层有 n_o 个神经元。隐含层的激励为

$$o_j=\rho\left(\sum_{l=1}^{n_i} w_{jl}^{(1)} x_l+\theta_j\right), \quad j=1,2,\cdots,n_h \tag{5-16}$$

神经网络的输出为

$$y_i=\sigma\left(\sum_{j=1}^{n_h} w_{ij}^{(2)} o_j+\theta_i\right), \quad i=1,2,\cdots,n_o \tag{5-17}$$

假设每一层的神经元激励函数相同，则对于 $L+1$ 层前向传播网络，其网络输出的数学表示关系方程式一律采用

$$Y=\Gamma_L\left[W^L\Gamma_{L-1}(W^{L-1}\Gamma_{L-2}\{\cdots[\Gamma_1(W^1X+\theta^1)]+\cdots+\theta^{L-2}\}+\theta^{L-1})+\theta^L\right] \tag{5-18}$$

其中，Γ_l 为各层神经元的激励函数；W_l 为 $l-1$ 层到 l 层的连接权矩阵，$l=1,2,\cdots,L$；θ^l 为 l 层的阈值矢量。

4. 前向传播神经网络学习算法

前向传播网络实质上表示的是一种从输入空间到输出空间的映射。对于给定的输入矢量 X，其网络的响应可以由方程

$$Y=T(X)$$

给出，其中，$T(\cdot)$ 一般取为与网络结构相关的非线性算子。神经网络可以通过对合适样本集，即通过输入/输出矢量对 (X_P,T_P)，$P=1,2,\cdots,N$ 来进行训练。网络的训练实质上是突触权阵的调整，以满足当输入为 X_P 时其输出应为 T_P。对于某一特定的任务，训练样本集是由外部的导师决定的。这种训练的方法就称为有导师学习。

有导师学习的思路：对于给定的一组初始权系数，网络对当前输入 X_P 的响应为 $Y_P=T(X_P)$。权系数的调整是通过迭代计算逐步趋向最优值的过程，调整数值大小是根据对所有样本 $P=1,2,\cdots,N$ 的误差指标 $E_P=d(X_P,T_P)$，$P=1,2,\cdots,N$ 达到极小的方法来实现的。

其中，T_P 表示期望的输出；Y_P 表示当前网络的实际输出；$d(\cdot)$ 表示距离函数。

前向神经网络的学习算法中，常用的学习算法是 BP 学习算法。BP 学习过程分成两部分：

（1）工作信号正向传播：输入信号从输入层经隐含层，传向输出层，在输出端产生输出信号，这是信号的正向传播。在信号向前传递过程中网络的权值是固定不变的，每一层神经元的状态只影响下一层神经元的状态。如果在输出层不能得到期望的输出，则转入误差信号反向传播。

（2）误差信号反向传播：网络的实际输出与期望输出之间差值即为误差信号，误差信号由输出端开始逐层向前传播，这是误差信号的反向传播。在误差信号反向传播的过程中，网络权值由误差反馈进行调节，通过权值的不断修正使网络的实际输出更接近期望输出。

对于 N 个样本集，性能指标为

$$E=\sum_{p=1}^{N}E_p=\sum_{p=1}^{N}\sum_{i=1}^{n_o}\varphi(t_{pi}-y_{pi}) \tag{5-19}$$

其中，$\varphi(\cdot)$ 是一个正定的、可微的凸函数 ，常取

$$E_p=\frac{1}{2}\sum_{i=1}^{n_o}(t_{pi}-y_{pi})^2 \tag{5-20}$$

就是通过期望输出与实际输出之间误差平方的极小来进行权阵学习和训练神经网络。

学习算法是一个迭代过程，从输入模式 X_P 出发，依靠初始权系数，计算第一个隐含层的输出为

$$o_{pj}^{(1)}=\Gamma_1\left(\sum_{i=1}^{n_i}w_{ji}^1x_{pi}+\theta_j^1\right),\quad j=0,1,2,\cdots,n_{h1} \tag{5-21}$$

计算第 $r+1$ 个隐含层的输出为

$$\mathrm{Net}_{pj}^{(r+1)}=\sum_{l=1}^{n_r}w_{jl}^{r+1}o_{pl}^{(r)}+\theta_j^{r+1},\quad r=0,1,2,\cdots,L-1 \tag{5-22}$$

$$o_{pj}^{(r+1)}=\Gamma_{r+1}(\mathrm{Net}_{pj}^{(r+1)})=\Gamma_{r+1}\left(\sum_{l=1}^{n_r}w_{jl}^{r+1}o_{pl}^{(r)}+\theta_j^{r+1}\right),\quad r=0,1,2,\cdots,L-1 \tag{5-23}$$

计算输出层

$$y_{pj}=\Gamma_L(\mathrm{Net}_{pj}^{(L)})=\Gamma_L\left(\sum_{i=1}^{n_{L-1}}w_{jl}^Lo_{pl}^{(L-1)}+\theta_j^L\right),\quad j=1,2,\cdots,n_o \tag{5-24}$$

误差反向传播学习算法推导：

由性能指标函数 E_p 可得

$$\Delta_p w_{ji}^r\propto-\frac{\partial E_p}{\partial w_{ji}^r} \tag{5-25}$$

其中

$$\frac{\partial E_p}{\partial w_{ji}^r}=\frac{\partial E_p}{\partial \mathrm{Net}_{pj}^r}\cdot\frac{\partial \mathrm{Net}_{pj}^r}{\partial w_{ji}^r} \tag{5-26}$$

$$\frac{\partial \mathrm{Net}_{pj}^r}{\partial w_{ji}^r}=\frac{\partial}{\partial w_{ji}^r}\sum_k w_{jk}^r o_{pk}^{(r-1)}=o_{pi}^{(r-1)} \tag{5-27}$$

定义广义误差为

$$\delta_{pj}^{r}=-\frac{\partial E_p}{\partial \mathrm{Net}_{pj}^{r}} \tag{5-28}$$

则

$$\Delta_p W_{ji}^{r}=\eta\delta_{pj}^{r}o_{pi}^{(r-1)} \tag{5-29}$$

其中，上标变量 r 表示第 r 个隐含层，$r=1$，$2,\cdots,L$；W_{ji}^{r} 为第 $r-1$ 层第 i 单元到第 r 层的第 j 单元的连接系数；$r=L$ 为输出单元层。

输出单元层的误差为

$$\delta_{pj}^{L}=-\frac{\partial E_p}{\partial \mathrm{Net}_{pj}^{L}}=-\frac{\partial E_p}{\partial y_{pj}}\cdot\frac{\partial y_{pj}}{\partial \mathrm{Net}_{pj}^{L}}=(t_{pj}-y_{pj})\Gamma_L'(\mathrm{Net}_{pj}^{L}) \tag{5-30}$$

隐含层的误差为

$$\begin{aligned}\delta_{pj}^{r}&=-\frac{\partial E_p}{\partial \mathrm{Net}_{pj}^{r}}=-\frac{\partial E_p}{\partial o_{pj}^{r}}\cdot\frac{\partial o_{pj}^{r}}{\partial \mathrm{Net}_{pj}^{r}}\\&=\left(\sum_k\left(-\frac{\partial E_p}{\partial \mathrm{Net}_{pk}^{r+1}}\cdot\frac{\partial \mathrm{Net}_{pk}^{r+1}}{\partial o_{pj}^{r}}\right)\cdot\Gamma'_r(\mathrm{Net}_{pj}^{r})\right)\\&=\left(\sum_k\delta_{pk}^{r+1}\cdot w_{kj}^{r+1}\right)\cdot\Gamma'_r(\mathrm{Net}_{pj}^{r})\end{aligned} \tag{5-31}$$

BP 学习算法的步骤如下：

给定 P 组样本（x_1，t_1；x_2，t_2；$\cdots$；x_p，t_p）。这里 x_i 为 n_i 维输入矢量；t_i 为 n_o 维期望的输出矢量，$i=1$，$2,\cdots,P$。假设矢量 y 和 o 分别表示网络的输出层输出矢量和隐含层输出矢量。

（1）选取学习步长 $\eta>0$，最大容许误差为 $E_{\max}$，并将权系数 W_l 和阈值 θ_l，$l=1$，$2,\cdots$，L，初始化成小的随机值。令

$$p\leftarrow 1, E\leftarrow 0$$

（2）训练开始，令

$$o_p^{(0)}\leftarrow x_p, t\leftarrow t_p$$

$$o_{pj}^{(r+1)}=\Gamma_{r+1}\left(\sum_{l=1}^{n_r}w_{jl}^{r+1}o_{pl}^{(r)}+\theta_j^{r+1}\right),\quad r=0,1,2,\cdots,L-1$$

$$y_{pj}=\Gamma_L(\mathrm{Net}_{pj}^{L})=\Gamma_L\left(\sum_{i=1}^{n_{L-1}}w_{jl}^{L}o_{pl}^{(L-1)}+\theta_j^{L}\right),\quad j=1,2,\cdots,n_o$$

（3）计算误差

$$E\leftarrow\frac{(t_k-y_k)^2}{2}+E,\quad k=1,2,\cdots,n_o$$

（4）计算广义误差

$$\delta_{pj}^{L}=(t_{pj}-y_{pj})\cdot\Gamma'_L(\mathrm{Net}_{pj}^{L})$$

$$\delta_{pj}^{r}=\left(\sum_{k}\delta_{pk}^{r+1}\cdot w_{kj}^{r+1}\right)\cdot\Gamma'_{r}(\mathrm{Net}_{pj}^{r})$$

（5）调整权阵系数：

$$\Delta_{p}W_{ji}^{r}=\eta\delta_{pj}^{r}o_{pi}^{(r-1)}$$

$$\Delta_{p}\theta_{j}^{r}=\eta\delta_{pj}^{r}$$

（6）若 $p<P$，$p\leftarrow p+1$ 转第（2）步，否则转第（7）步。

（7）若 $E<E_{\max}$，结束，否则令 $p\leftarrow 1$，$E\leftarrow 0$ 转第（2）步。

BP 算法的不足：

（1）训练时间较长。对于某些特殊的问题，运行时间可能需要几个小时甚至更长，这主要是因为学习率太小所致，可以采用自适应的学习率加以改进。

（2）完全不能训练。训练时由于权值调整过大使激活函数达到饱和，从而使网络权值的调节几乎停滞。为避免这种情况，一是选取较小的初始权值，二是采用较小的学习率。

（3）易陷入局部极小值。BP 算法可以使网络权值收敛到一个最终解，但它并不能保证所求为误差超平面的全局最优解，也可能是一个局部极小值。这主要是因为 BP 算法所采用的是梯度下降法，训练是从某一起始点开始沿误差函数的斜面逐渐达到误差的最小值，故不同的起始点可能导致不同的极小值产生，即得到不同的最优解。如果训练结果未达到预定精度，常常采用多层网络和较多的神经元，以使训练结果的精度进一步提高，但与此同时也增加了网络的复杂性与训练时间。

（4）“喜新厌旧”。训练过程中，学习新样本时有遗忘旧样本的趋势。

BP 学习算法的注意事项：

（1）权系数的初值：一般情况下，权系数通常初始化成一个比较小的随机数，并尽量可能覆盖整个权阵的空间域。避免出现初始权阵系数相同的情况。

（2）学习方式：增量型学习和累积型学习。

（3）激励函数：由于常规 Sigmoid 函数在输入趋于 1 时其导数接近 0，从而会大大影响其训练速度，容易产生饱和现象。因此，可以通过调节 Sigmoid 函数的斜率或采用其他激励单元来改善网络性能。

（4）学习速率：一般说来，学习速率越大，收敛越快，但容易产生振荡；而学习速率越小，收敛越慢。

【例 5.8】 设参考模式（或称模板）为四输入、三输出的样本，如表 5-3 所示，设计 BP 神经网络，并计算测试样本的输出。测试样本的输入模式如表 5-4 所示。

表 5-3　输入/输出样本

输入				输出		
1	0	0	0	1	0	0
0	1	0	0	0	0.5	0
0	0	1	0	0	0	0.5
0	0	0	1	0	0	1

表 5-4 测试样本的输入模式

输入			
0.950	0.002	0.003	0.002
0.003	0.980	0.001	0.001
0.002	0.001	0.970	0.001
0.001	0.002	0.003	0.995
0.500	0.500	0.500	0.500
1.000	0.000	0.000	0.000
0.000	1.000	0.000	0.000
0.000	0.000	1.000	0.000
0.000	0.000	0.000	1.000

根据表 5-3 给出的输入/输出样本的形式，所设计的 BP 神经网络输入层应含有 4 个神经元，输出层应含有 3 个神经元，如果设计含有一个隐含层的 BP 神经网络，隐含层神经元的数量可根据问题的复杂程度按经验选取。这里隐含层选择 9 个神经元，则所设计的神经网络结构为 4-9-3 的结构形式。

（1）BP 网络初始参数选取。

初始网络权值矢量 $W_1=[W_{ij}]$ 和 $W_2=[W_{ij}]$ 取 $[-1,+1]$ 之间的随机值，学习效率为 $\eta=0.5$，动量因子为 $\alpha=0.05$。

（2）测试结果。

网络训练结束后，将测试样本输入到网络中，即可计算测试样本的输出结果。表 5-5 所示为测试结果。

表 5-5 测试样本及结果

输入				输出		
0.950	0.002	0.003	0.002	0.9645	0.0032	0.0179
0.003	0.980	0.001	0.001	0.0051	0.4931	0.0058
0.002	0.001	0.970	0.001	0.0059	0.0037	0.4948
0.001	0.002	0.003	0.995	0.0007	0.0007	0.9967
0.500	0.500	0.500	0.500	0.3529	0.0914	0.4390
1.000	0.000	0.000	0.000	1.0000	−0.0000	0.0000
0.000	1.000	0.000	0.000	−0.0000	0.5000	−0.0000
0.000	0.000	1.000	0.000	−0.0000	−0.0000	0.5000
0.000	0.000	0.000	1.000	−0.0000	−0.0000	1.0000

BP 网络训练及收敛过程如图 5-26 所示。整个网络的训练步数为 $k=358$，程序在嵌有 Windows 系统的 PC 上总运行平均时间为 0.2810 s。从仿真结果看，该改进的 BP 神经网络具有很好的逼近非线性系统能力，样本训练的收敛过程也很快。

5.4.3 动态神经网络

前向神经网络与动态神经网络的区别：

（1）从学习观点看，前向神经网络是一种强有力的学习系统；从系统观点看，前向神经网络是一种静态非线性映射。

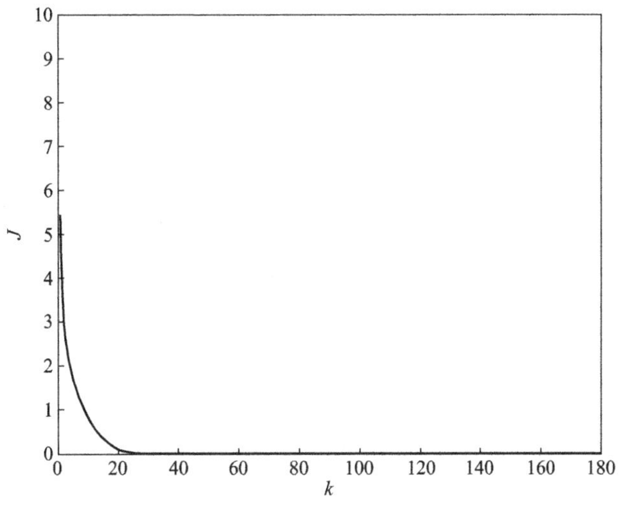

图 5 - 26　BP 网络训练及收敛过程

(2) 动态神经网络是一种动态非线性映射，具备非线性动力学系统所特有的丰富动力学特性，如稳定性、极限环、奇异吸引子（即混沌现象）等。一个耗散动力学系统的最终行为是由它的吸引子决定的，吸引子可以是稳定的，也可以是不稳定的。

简单非线性神经元互连而成的反馈动力学神经网络系统具有两个重要的特征：

(1) 系统有若干稳定状态。如果从某一初始状态开始运动，系统总可以进入某一稳定状态。

(2) 系统的稳定状态可以通过改变相连单元的权值而产生。

如果将神经网络的稳定状态当作记忆，那么神经网络由任一初始状态向稳态的演化过程，实质上是寻找记忆。稳态的存在是实现联想记忆的基础。能量函数是判定网络稳定性的基本概念。

下面先给出稳定性定义。

神经网络从任一初态 $x(0)$ 开始运动，若存在某一有限的时刻 t_s，从 t_s 以后神经网络的状态不再发生变化，即

$$x(t_s+\Delta t)=x(t_s),\quad \Delta t>0 \tag{5-32}$$

则称网络是稳定的。处于稳定时刻的网络状态称为稳定状态，又称定点吸引子。

动态神经网络模型的实质是其节点方程用微分方程或差分方程来表示而不是简单地用非线性代数方程来表达，主要介绍两种动态神经网络：带时滞的多层感知器网络和回归神经网络。

1. 带时滞的多层感知器网络

利用静态网络来描述动态时间序列可以简单地将输入信号按时间坐标展开，并将展开后的所有信息作为静态网络的输入模式。主要有以下两种系统：

(1) 有限维独立输入序列动态系统。

输出是有限维独立的输入序列函数的动态系统如图 5 - 27 所示。网络输出由下列公式

表示：

$$y(k)=f(x(k),x(k-1),\cdots,x(k-n)) \tag{5-33}$$

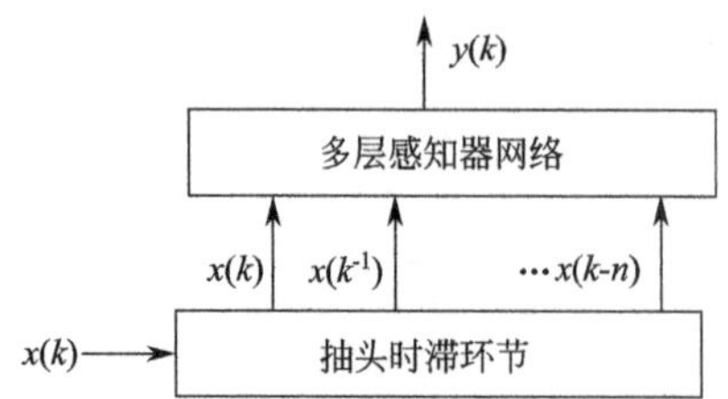

图 5-27　有限维独立输入序列动态系统

(2) 带反馈的动态网络系统。

带反馈的动态网络系统如图 5-28 所示，网络输出由下列公式表示：

$$y(k)=f(x(k),x(k-1),\cdots,x(k-n),y(k-1),y(k-2),\cdots,y(k-m)) \tag{5-34}$$

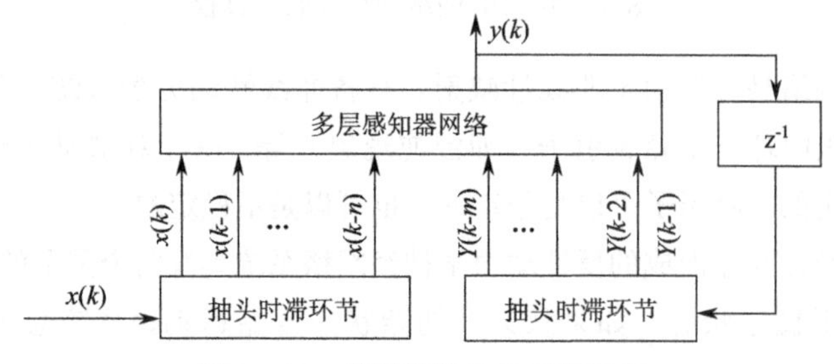

图 5-28　带反馈的动态网络系统

以上两种神经网络的学习问题完全可以利用静态前向传播神经网络的 BP 算法来解决。

2. 回归（Recurrent）神经网络

回归神经网络保留了部分前向传播网络的特性又具备部分 Hopfield 网络的动态联想记忆能力。

Pineda 在 1987 年首先将传统的 BP 学习算法引入回归神经网络中，并提出回归反向传播算法。

离散型回归神经网络（DTRNN）的模型如下：

$$y_i(k+1)=f\left(\sum_{j=0}^{N+M} w_{ij}y_i(k)\right) \tag{5-35}$$

其中

$$y_j(k)=\begin{cases}1, & 当\ j=0\\ y_j(k), & 当\ j=1,2,\cdots,N\\ x_j(k), & 当\ j=N+1,\cdots,N+M\end{cases} \tag{5-36}$$

其中，N 是神经网络的输出节点数，M 是输入矢量 X 的维数。

离散型回归神经网络的网络结构如图 5-29 所示。其中，

$$\mathrm{Net}(k)=W_1X(k)+W_2Y(k) \tag{5-37}$$

$$Y(k+1)=f(\mathrm{Net}(k)) \tag{5-38}$$

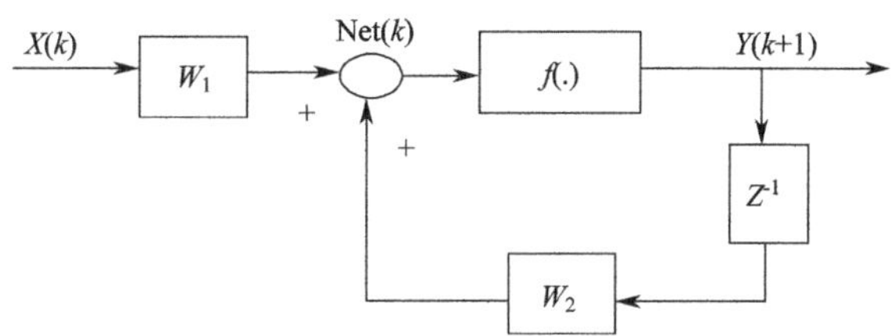

图 5-29　DTRNN 网络结构

此类神经网络学习系统有两种 DTRNN 学习算法：

方法 1：首先将回归神经网络按时间序列展开成一个多层的复杂前向传播网络来处理。可构造出由 n 个回归网络结构复制串联而成的 n 层前向传播网络，如图 5-30 所示，然后利用传统的 BP 学习算法进行学习。

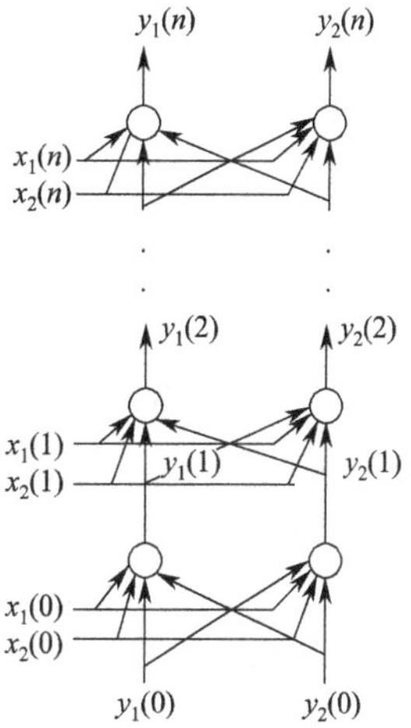

方法 2：通过迭代算法实现递归计算。

仍然采用梯度下降法：

$$w_{ji}(k+1)=w_{ji}(k)-\eta\sum_{p=1}^{P}\left.\frac{\partial E_p(w)}{\partial w_{ji}}\right|_{w(k)} \tag{5-39}$$

$$\frac{\partial E_p(w)}{\partial w_{ji}}=-\sum_{n=1}^{No}\sum_{s\in\Omega}(t_{ps}(n)-y_{ps}(n))v_{ji}^{s}(n) \tag{5-40}$$

$$v_{ji}^{s}(n)=f'\left(\sum_{q=0}^{N+M}w_{sq}(k)y_q(n-1)\right)\cdot\left[\partial_{sj}y_i(n-1)+\sum_{\beta=1}^{N}w_{s\beta}v_{ji}^{\beta}(n-1)\right] \tag{5-41}$$

图 5-30　通过时域坐标展开的 RNN

$$w_{ji}(k+1)=w_{ji}(k)+\eta\sum_{p=1}^{P}\sum_{n=1}^{No}\sum_{s\in\Omega}(t_{ps}(n)-y_{ps}(n))v_{ji}^{s}(n) \tag{5-42}$$

5.4.4　径向基神经网络

1985 年，Powell 提出了多变量插值的径向基函数（radial-basis function，RBF）方法。1988 年，Broomhead 和 Lowe 首先将 RBF 应用于神经网络设计，构成了径向基函数神经网络，即 RBF 神经网络。

径向基神经网络是一种特殊的具有单隐层的三层前馈网络，其结构和学习算法与 BP 网络有着很大的差别，在一定程度上克服了 BP 网络的缺点。近几十年来，径向基神经网络的应用已渗透到很多领域，并在智能控制、模式识别、计算机视觉、自适应滤波和信号处理、非线性优化等方面取得了令人鼓舞的进展。

径向基神经网络模拟人脑中局部调整、相互覆盖接收域的神经网络结构，是一种具有全局逼近性能的前馈网络。它不仅具有全局逼近性质，而且具有最佳逼近性能。径向基神经网络结构上具有隐层到输出层的权值线性关系，同时训练方法快速易行，不存在局部最优问题。

1. 径向基函数

典型的径向基函数包括：

(1) 多二次（multiquadrics）函数。

$$\varphi(x)=(x^2+p^2)^{1/2} \quad p>0, \quad x\in \mathbf{R} \tag{5-43}$$

(2) 逆多二次（inverse multiquadrics）函数。

$$\varphi(x)=\frac{1}{(x^2+p^2)^{1/2}} \quad p>0, \quad x\in \mathbf{R} \tag{5-44}$$

(3) 高斯（Gauss）函数。

$$\varphi(x)=\exp\left(-\frac{x^2}{2\sigma^2}\right) \quad \sigma>0, \quad x\in \mathbf{R} \tag{5-45}$$

(4) 薄板样条（thin plate spline）函数。

$$\varphi(x)=\left(\frac{x}{\sigma}\right)^2\log\left(\frac{x}{\sigma}\right) \quad \sigma>0, \quad x\in \mathbf{R} \tag{5-46}$$

2. 径向基函数网络结构

RBF 神经网络的基本思想是：径向基函数作为隐单元的“基”，构成隐含层空间，通过输入空间到隐层空间之间的非线性变换，将低维的模式输入数据变换到高维空间，使低维空间线性不可分转换到高维空间的线性可分。

RBF 网络输出函数表示为（对应第 k 个输出神经元）：

$$F_k(x)=\sum_{i=1}^{I} w_{ik} g_i(x), \quad k=1,2,\cdots,n \tag{5-47}$$

其中，$\boldsymbol{X}=(x_1,x_2,\cdots,x_m)^{\mathrm{T}}\in \mathbf{R}^m$ 为输入变量，m 为输入神经元个数，$W=(w_1,w_2,\cdots,w_I)^{\mathrm{T}}\in \mathbf{R}^I$ 为输出层权矢量，I 为径向基函数的个数（中心的个数）。RBF 网络结构图如 5-31 所示。

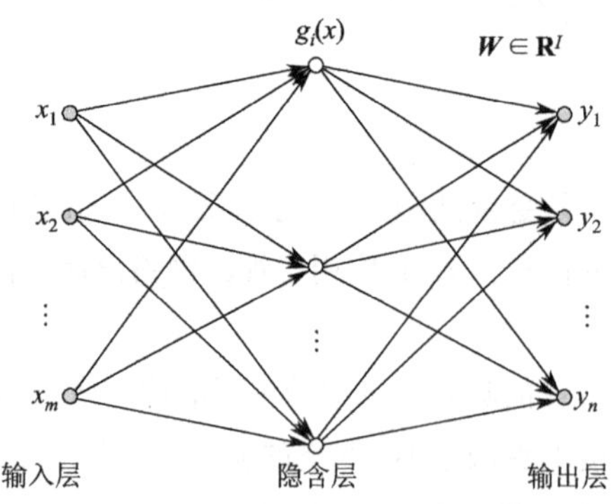

图 5-31 RBF 网络拓扑结构图

从图 5-31 可以看出，输入层完成 $x\to g_i(x)$ 的非线性映射，输出层实现从 $g_i(x)\to F_k(x)$ 的线性映射。

3. 网络学习算法

在 RBF 网络结构中，设 $\boldsymbol{X}=(x_1,x_2,\cdots,x_m)^{\mathrm{T}}\in\mathbf{R}^m$ 为网络的输入向量，隐藏层的径向基向量表示为 $\boldsymbol{G}=[g_1,g_2,\cdots,g_i]^{\mathrm{T}}$，即

$$g_i=\exp\left(\frac{\|\boldsymbol{X}-\boldsymbol{C}_i\|^2}{2\sigma_i^2}\right),\ i=1,2,\cdots,I \tag{5-48}$$

其中，隐藏层第 i 个节点中心为 $\boldsymbol{C}_i=[c_{ij}]^{\mathrm{T}}=[c_{i1},c_{i2},\cdots,c_{im}]^{\mathrm{T}}$，$j=1,2,\cdots,m$。设网络的基宽向量为 $\Sigma[\sigma_1,\sigma_2,\cdots,\sigma_i]^{\mathrm{T}}$，其中，$\sigma_i$ 为节点的基宽参数。网络的权值矢量表示为

$$\boldsymbol{W}=[w_{ik}]^{\mathrm{T}}=[w_1,w_2,\cdots,w_i]^{\mathrm{T}} \tag{5-49}$$

则 RBF 网络的实际输出为

$$y_n(k)=w_1g_1+w_2g_2+\cdots+w_ig_i \tag{5-50}$$

调整信号为理想输出和网络实际输出的误差，即

$$e(k)=y(k)-y_n(k) \tag{5-51}$$

建立目标函数，即误差性能指标函数为

$$J=\frac{1}{2}e(k)^2=\frac{1}{2}(y(k)-y_n(k))^2 \tag{5-52}$$

借助梯度下降法、连锁法和带有惯性项的权值修正法，对待训练的各组参数进行修正，算法如下：

$$\Delta w_i=-\eta\frac{\partial J}{\partial w_i}=\eta\cdot e(k)\cdot\frac{\partial y_n(k)}{\partial w_i}=\eta\cdot e(k)\cdot g_i \tag{5-53}$$

$$w_i(k+1)=w_i(k)+\Delta w_i+\alpha(w_i(k)-w_i(k-1)) \tag{5-54}$$

$$\Delta\sigma_i=-\eta\frac{\partial J}{\partial\sigma_i}=\eta\cdot e(k)\cdot\frac{\partial y_n(k)}{\partial g_i}\cdot\frac{\partial g_i}{\partial\sigma_i}=\eta\cdot e(k)\cdot w_i\cdot g_i\cdot\frac{\|\boldsymbol{X}-\boldsymbol{C}_i\|^2}{\sigma_i^3} \tag{5-55}$$

$$\sigma_i(k+1)=\sigma_i(k)+\Delta\sigma_i+\alpha(\sigma_i(k)-\sigma_i(k-1)) \tag{5-56}$$

$$\Delta c_{ij}=-\eta\frac{\partial J}{\partial c_{ij}}=\eta\cdot e(k)\cdot\frac{\partial y_n(k)}{\partial g_i}\cdot\frac{\partial g_i}{\partial c_{ij}}=\eta\cdot e(k)\cdot w_i\cdot g_i\cdot\frac{x_j-c_{ij}}{\sigma_i^2} \tag{5-57}$$

$$c_{ij}(k+1)=c_{ij}(k)+\Delta c_{ij}+\alpha(c_{ij}(k)-c_{ij}(k-1)) \tag{5-58}$$

其中，$\eta\in[0,1]$ 为学习效率；$\alpha\in[0,1]$ 为动量因子。

在程序设计中，对所有权值矢量 $\boldsymbol{w}$、基宽向量 $\boldsymbol{\Sigma}$ 和中心矢量 $\boldsymbol{C}_i$（$i=1,2,\cdots,I$）赋以随机任意小值，预先设计迭代步数，或给出网络训练的最终目标，如 $J=10^{-10}$，使网络跳出递归循环。

5.4.5 CMAC 神经网络

1975 年 J. S. Albus 提出一种模拟小脑功能的神经网络模型，称为 cerebellar model articulation controller，简称 CMAC。CMAC 网络是仿照小脑控制肢体运动的原理而建立的神经网络模型。小脑指挥运动时具有不假思索地做出条件反射迅速响应的特点，这种条件反射式响应是一种迅速联想。CMAC 网络最初主要用来求解机械手得关节运动，后来被进一步应用于机

器人控制、模式识别、信号处理和自适应控制等领域。

CMAC 网络有 3 个特点：

（1）作为一种具有联想功能的神经网络，它的联想具有局部推广（或称泛化）能力，因此相似的输入将产生相似的输出，反之则产生独立的输出。

（2）对于网络的每一个输出，只有很少的神经元所对应的权值对其有影响。哪些神经元对输出有影响则由输入决定。

（3）CMAC 的每个神经元的输入/输出是一种线性关系，但其总体上可看作一种表达非线性映射的表格系统。由于 CMAC 网络的学习只在线性映射部分，因此可采用简单的 δ 算法，其收敛速度比 BP 算法快得多，且不存在局部极小问题。

1. CMAC 网络结构

CMAC 模型结构如图 5-32 所示。CMAC 网络由输入层、中间层和输出层组成。CMAC 网络的设计主要包括输入空间的划分、输入层至输出层非线性映射的实现、输出层权值自适应线性映射。

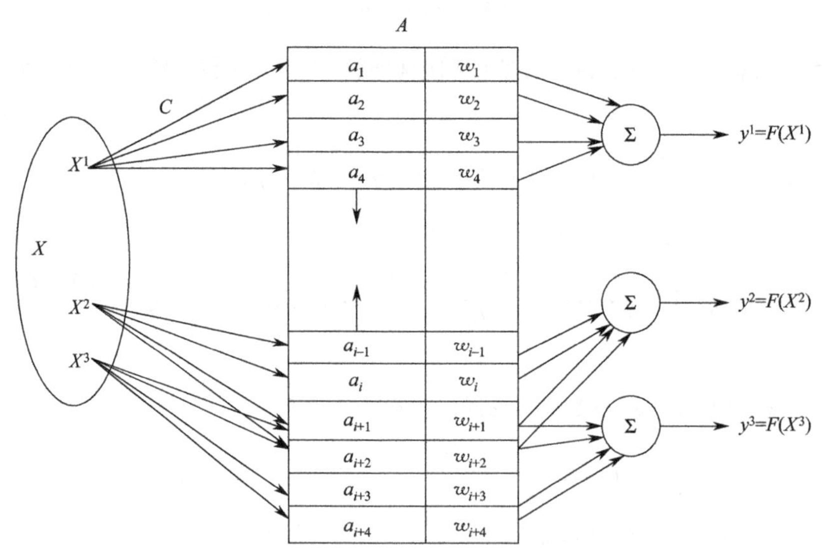

图 5-32　CMAC 模型结构

网络的工作过程由以下两个基本映射实现。

概念映射（$X \to A$）：概念映射实质上就是输入空间 X 至概念存储器 A 的映射。实际映射（$A \to A_p$）：实际映射是由概念存储器 A 中的 C 个单元，用编码技术映射至实际存储器 A_p 的 C 个单元。

（1）概念映射。

A 中每个元素或者为 1 或者为 0，因此就必须将状态空间输入向量 $\boldsymbol{X}^p$ 量化，即使其成为输入空间中的离散点，以实现空间 X 的点对空间 A 的映射。

设输入向量每个分量可量化为 q 个等级，则每个分量可组合为输入状态空间 q^n 种可能的状态，$p=1, 2, \cdots, q^n$。而每一个向量 $\boldsymbol{X}^p$ 都要映射为空间 A 中存储区的一个集合 A^p，A^p 中的 C 个元素均为 1。

设 $\boldsymbol{X}^p=(x_1^p, x_2^p, \cdots, x_n^p)$，量化编码为 $[x^p]$，则映射后的向量可表示为

$$\boldsymbol{A}^p=S([x^p])=[s_1(x^p), s_2(x^p), \cdots s_C(x^p)]^{\mathrm{T}} \tag{5-59}$$

式中，$s_j([x^p])=1,\quad j=1, 2, \cdots, C$。

(2) 实际映射。

图 5-33 所示为 $A \to A^p$ 的映射。

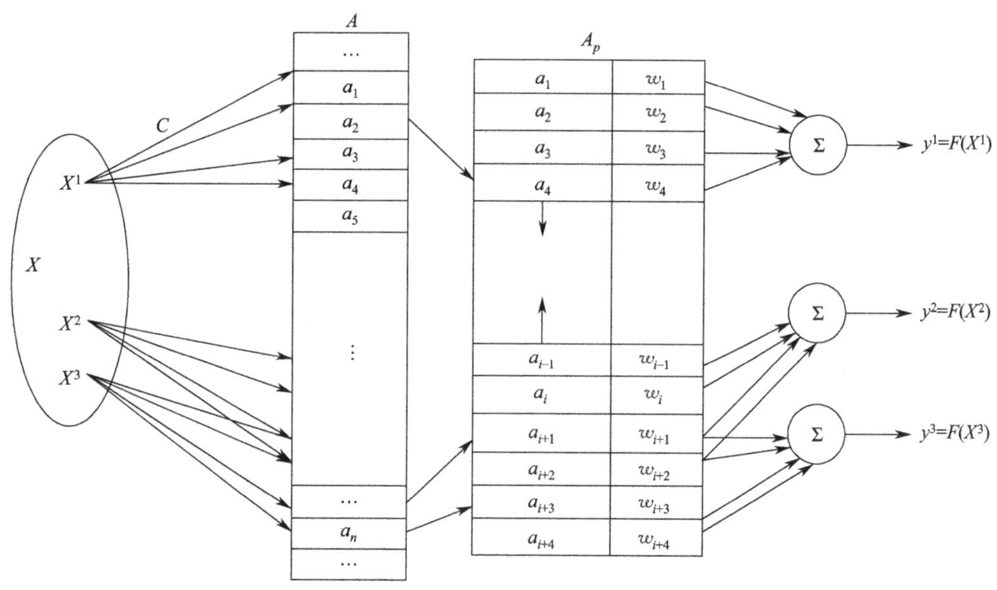

图 5-33　$A \to A^p$ 的映射

通常采用哈希编码技术中的除留余数法实现 CMAC 的实际映射。设杂凑表（A 存储区）长为 m（m 为正整数），以元素值 $s(k)+i$ 除以某数 N（$N \leqslant m$）后所得的余数 $+1$ 作为杂凑地址，实现实际映射，即

$$ad(i)=(s(k)+i\mathrm{MOD}N)+1 \tag{5-60}$$

式中，$i=1, 2, \cdots, C$。

网络的输出为 A^p 中 C 个单元的权值之和，表示为

$$y^i=F(X^I)=\sum\nolimits_j w_j,\quad j \in \mathbf{C} \tag{5-61}$$

采用 δ 学习规则调整权值。

以单输出为例，设期望输出为 $r(t)$，则误差性能指标函数为

$$J=\frac{1}{2C}e(t)^2 \tag{5-62}$$

采用梯度下降法、连锁法和带有惯性项的修正法，权值迭代调整为

$$\Delta w_j(t+1)=-\eta\frac{\partial E}{\partial w_j}=-\eta\frac{\partial E}{\partial y^1}\cdot\frac{\partial y^1}{\partial w_j}=\eta\frac{r(t)-y^1}{C}\cdot\frac{\partial y^1}{\partial w_j}=\eta\frac{e(t)}{C} \tag{5-63}$$

$$w_j(t+1)=w_j(t)+\Delta w_j+\alpha(w_j(t)-w_j(t-1)) \tag{5-64}$$

5.4.6 Hopfield 神经网络

Hopfield 神经网络是一种递归神经网络，是约翰·霍普菲尔德在 1982 年提出的。Hopfield 神经网络是一种结合存储系统和二元系统的神经网络，提供了模拟人类记忆的模型。Hopfield 神经网络保证了向局部极小的收敛，但收敛到错误的局部极小值，而非全局极小的情况也可能发生。

根据激活函数的不同，Hopfield 神经网络可以分为离散型 Hopfield 神经网络（DHNN）和连续型 Hopfield 神经网络（CHNN）。

1. 离散型 Hopfield 网络

离散 Hopfield 网络是一个单层网络，有 n 个神经元节点，每个神经元的输出均接到其他神经元的输入。各节点没有自反馈。每个节点都可处于一种可能的状态（兴奋或抑制），即当该神经元所受的刺激超过其阈值时，神经元就处于一种状态（比如 1），否则神经元就始终处于另一状态（比如 0 或−1）。离散 Hopfield 网络神经元状态可以表示为

$$f(\mathrm{net}_j)=\mathrm{sgn}(\mathrm{net}_j)=\begin{cases}1, & \text{当 } \mathrm{net}_j\geqslant 0\\ 0, & \text{当 } \mathrm{net}_j<0\end{cases} \tag{5-65}$$

离散 Hopfield 网络拓扑结构如图 5 - 34 所示。

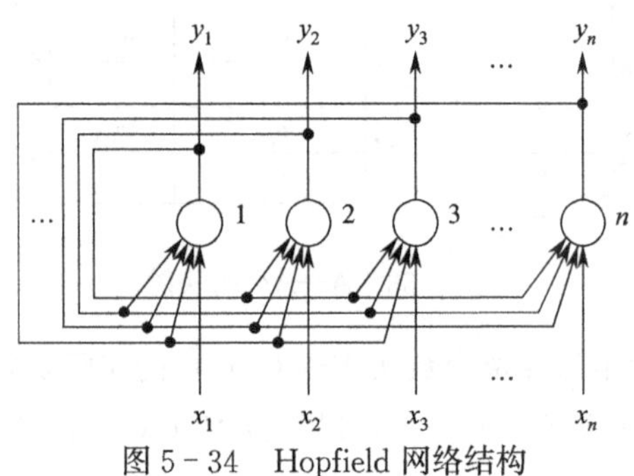

图 5 - 34 Hopfield 网络结构

离散 Hopfield 网络将其定义的“能量函数”概念引入到神经网络研究中，给出了网络的稳定性判据。Hopfield 教授用模拟电子线路实现了所提出的模型，并成功地用神经网络方法实现了 4 位 A/D 转换。

离散 Hopfield 网络的神经元网络结构如图 5 - 35 所示。

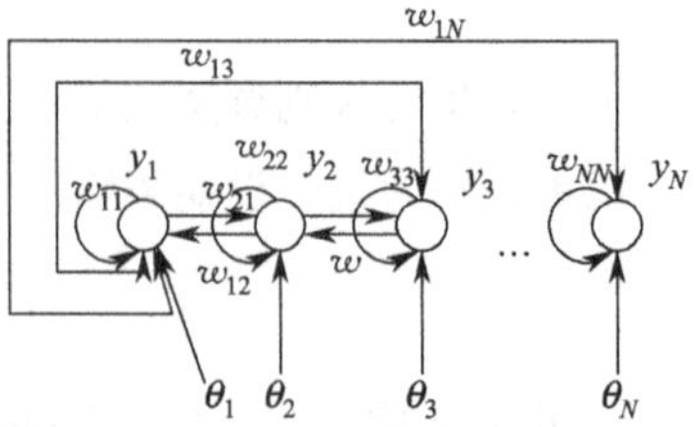

神经元的输出计算如下：

$$\mathrm{Net}_i(k)=\sum_{j=1}^{N} w_{ij}y_j(k)+\theta_i \tag{5-66}$$

$$y_i(k+1)=f(\mathrm{Net}_i(k)) \tag{5-67}$$

式中，k 表示时间变量；θ_i 表示外部输入；y_i 表示神经元输出，通常为 0 和 1 或−1 和 1 。

图 5 - 35 神经元网络结构

对于 n 个节点的离散 Hopfield 网络有 $2n$ 个可能的状态，网络状态可以用一个包含 0 和 1 的矢量来表示，如 $\boldsymbol{Y}=(y_1 \quad y_2 \quad \cdots \quad y_n)$。每一时刻整个

网络处于某一状态。状态变化采用随机性异步更新策略，即随机地选择下一个要更新的神经元，且允许所有神经元节点具有相同的平均变化概率。节点状态更新包括三种情况：0→1、1→0 或状态保持。

【例 5.9】 假设一个 3 节点的离散 Hopfield 神经网络，已知网络权值与阈值如图 5－36(a) 所示，图中圈内为阈值，线上为连接权值。求计算状态转移关系。

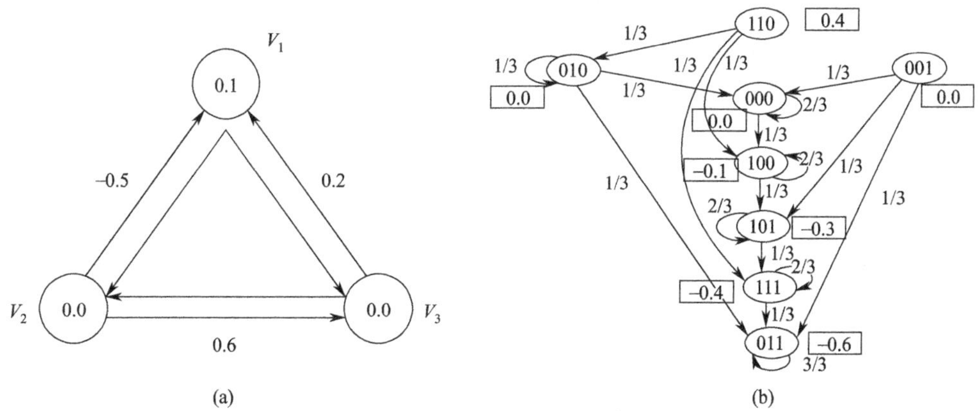

图 5－36 3 节点离散 Hopfield 神经网络

以初始状态 $y_1y_2y_3=000$ 为例进行计算。

假设首先选择节点 V_1，其激励函数为

$$
\begin{aligned}
\mathrm{Net}_1(0) &= \sum_{j=1}^{N} w_{1j}y_j(0)+\theta_1 \\
&=(0.5)\cdot 0+(0.2)\cdot 0+0.1=0.1>0
\end{aligned}
$$

节点 V_1 处于兴奋状态并且状态 y_1 由 0→1。网络状态由 000→100，转移概率为 1/3。同样其他两个节点也可以以等概率发生状态变化。

网络状态转移如图 5－36 (b) 所示，图中圈内为状态，线上为转移概率。

系统状态 $y_1y_2y_3=011$ 是一个网络的稳定状态；该网络能从任意一个初始状态开始经几次的状态更新后都将到达此稳态。

仔细观察图 5－36 所示状态转移关系，就会发现 Hopfield 网络的神经元状态要么在同一“高度”上变化，要么从上向下转移。这样的一种状态变化有着它必然的规律。Hopfield 网络状态变化的核心是每个状态定义一个能量 E，任意一个神经元节点状态变化时，能量 E 都将减小。这也是 Hopfield 网络系统稳定的重要标记。

Hopfield 利用非线性动力学系统理论中的能量函数方法（或 Lyapunov 函数）研究反馈神经网络的稳定性，并引入了如下能量函数：

$$
E=-\frac{1}{2}Y^{\mathrm{T}}WY-Y^{\mathrm{T}}\Theta=-\sum_{i=1}^{n}\left(\frac{1}{2}\sum_{\substack{j=1\\ j\neq i}}^{n}w_{ij}y_j+\theta_i\right)y_i \tag{5-68}
$$

定理：离散 Hopfield 神经网络的稳定状态与能量函数 E 在状态空间的局部极小状态是一一对应的。

神经网络的能量极小状态又称能量井。能量井的存在为信息的分布存储记忆、神经优化

计算提供了基础。如果将记忆的样本信息存储于不同的能量井。当输入某一模式时，神经网络就能回想起与其记忆相关的样本实现联想记忆。一旦神经网络的能量井可以由用户选择或产生时，Hopfield 网络所具有的能力才能得到充分的发挥。能量井的分布是由连接权值决定的。因此，设计能量井的核心是如何获得一组合适的权值。

【例 5.10】 以图 5－37 所示 3 节点离散 Hopfield 神经网络模型为例，要求设计的能量井为状态 $y_1y_2y_3=010$ 和 111。权值和阈值可在 $[-1,1]$ 区间取值，确定网络权值和阈值。

解：对于状态 A，$y_1y_2y_3=010$，当系统处于稳态时，有

$w_{12}+\theta_1<0$ ①

$\theta_2>0$ ②

$w_{23}+\theta_3<0$ ③

对于状态 B，$y_1y_2y_3=111$，当系统处于稳态时，有

$w_{12}+w_{13}+\theta_1>0$ ④

$w_{12}+w_{23}+\theta_2>0$ ⑤ 

$w_{23}+w_{13}+\theta_3>0$ ⑥ 

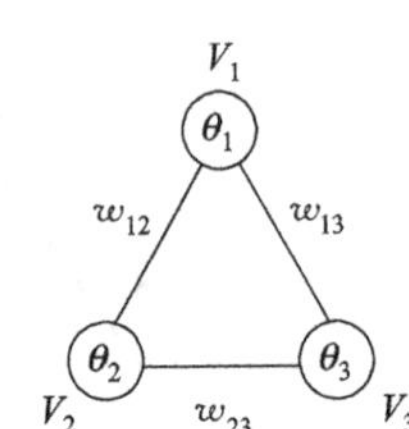

图 5－37　3 节点离散 Hopfield 神经网络模型

取 $w_{12}=0.5$，则

由①式，$-1<\theta_1\leqslant-0.5$，取 $\theta_1=-0.7$；

由④式，$0.2<w_{13}\leqslant1$，取 $w_{13}=0.4$；

由②式，$0<\theta_2\leqslant10$，取 $\theta_2=0.2$；

由⑤式，$-0.7<w_{23}\leqslant1$，取 $w_{23}=0.1$；

由⑥式，$-1\leqslant w_{13}<0.5$，取 $w_{13}=0.4$；

由③式，$-1<\theta_3<-0.1$，取 $\theta_3=0.4$。

由于网络权值和阈值的选择可以在某一个范围内进行。因此，它的解并不是唯一的。而且在某种情况下，所选择的一组参数虽然能满足能量井的设计要求，但同时也会产生不期望的能量井。这种稳定状态点称为假能量井。

针对上例，如果选择的权值和阈值为

$$w_{12}=0.5,\quad w_{13}=0.5,\quad w_{23}=0.4$$

$$\theta_1=0.1,\quad \theta_2=0.2,\quad \theta_3=0.7$$

则存在期望的能量井 010 和 111，以及假能量井 100。

DHNN 的学习只是在此神经网络用于联想记忆时才有意义。其实质是通过一定的学习规则自动调整连接权值，使网络具有期望的能量井分布，并将记忆样本存储在不同的能量井上。常用的 Hopfield 网络学习规则是 Hebb 学习规则和 δ 学习规则。

Hebb 学习规则如下：

若 i 与 j 两个神经元同时处于兴奋状态，则它们之间的连接应加强，即

$$\Delta w_{ij}=\eta y_i y_j,\quad \eta>0$$

对于一给定的需记忆的样本向量 $\{t_1,t_2,\cdots,t_N\}$，如果 t_k 的状态值为+1 或−1，则其连接权系数的学习可以利用“外积规则”得到，即

$$W=\sum_{k=1}^{N}(t^k(t^k)^{\mathrm{T}}-I) \tag{5-69}$$

式（5－69）化为标量形式得

$$w_{ij} = (1 - \delta_{ij}) \sum_{k=1}^{N} t_i^k t_j^k \tag{5-70}$$

对于单端情况，即神经元的活跃值为 1 或 0 时，则权系数的学习规则为

$$w_{ij} = (1 - \delta_{ij}) \sum_{k=1}^{N} (2t_i^k - 1)(2t_j^k - 1) \tag{5-71}$$

联想记忆功能是离散 Hopfield 网络的一个重要应用范围。要想实现联想记忆，反馈网络必须具有两个基本条件：

① 网络能收敛到稳定的平衡状态，并以其作为样本的记忆信息。

② 具有回忆能力，能够从某一残缺的信息回忆起所属的完整的记忆信息。

离散 Hopfield 网络实现联想记忆的过程分为两个阶段：学习记忆阶段和联想回忆阶段。在学习记忆阶段中，设计者通过某一设计方法确定一组合适的权值，使网络记忆期望的稳定平衡点。联想回忆阶段则是网络的工作过程。

2. 连续型 Hopfield 网络

连续型 Hopfield 网络的拓扑结构与离散型网络相同，且可采用图 5－38 所示的硬件电路模型实现。

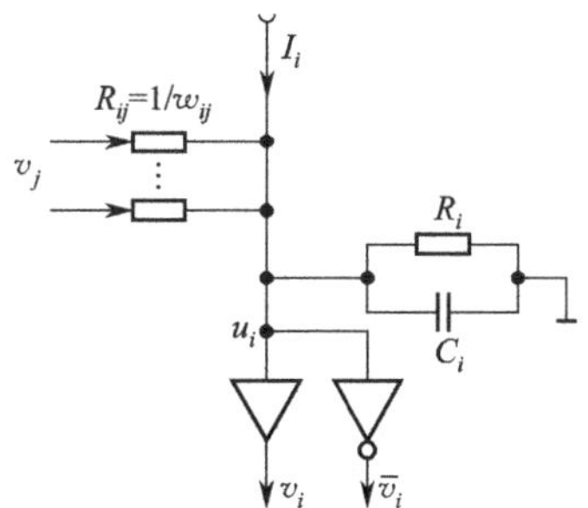

图 5－38　CHNN 神经元电路模型

根据基尔霍夫定律，建立第 i 个神经元的微分方程为

$$C_i \frac{\mathrm{d}u_i}{\mathrm{d}t} = \sum_{j=1}^{n} w_{ij} v_j - \frac{u_i}{R_i} + I_i \tag{5-72}$$

$$v_i = f(u_i) \tag{5-73}$$

激励函数可取为双曲函数，如图 5－39 所示。

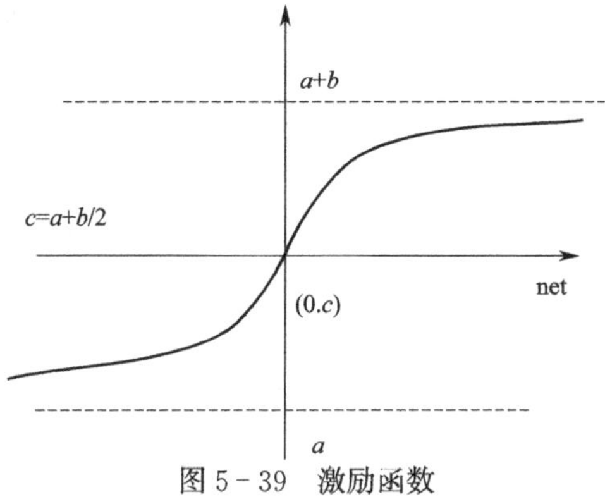

图 5－39　激励函数

连续型 Hopfield 网络的能量函数定义为

$$E=-\frac{1}{2}\sum_{i=1}^{n}\sum_{j=1}^{n}w_{ij}v_iv_j+\sum_{i=1}^{n}\frac{1}{R_i}\int_0^{v_i}f_i^{-1}(v)\,\mathrm{d}v-\sum_{i=1}^{n}v_iI_i \tag{5-74}$$

当权值矩阵是对称阵时

$$\frac{\mathrm{d}E}{\mathrm{d}t}=\sum_{i=1}^{n}\frac{\partial E}{\partial v_i}\cdot\frac{\mathrm{d}v_i}{\mathrm{d}t}=-\sum_{i}\frac{\mathrm{d}v_i}{\mathrm{d}t}\left(\sum_{j}w_{ij}v_j-\frac{u_i}{R_i}+I_I\right)=-\sum_{I}\frac{\mathrm{d}v_i}{\mathrm{d}t}\left(C_i\frac{\mathrm{d}u_i}{\mathrm{d}t}\right) \tag{5-75}$$

由于 $v_i=f(u_i)$，则

$$\frac{\mathrm{d}E}{\mathrm{d}t}=-\sum_{i}C_i\frac{\mathrm{d}f^{-1}(v_i)}{\mathrm{d}v_i}\left(\frac{\mathrm{d}v_i}{\mathrm{d}t}\right)^2 \tag{5-76}$$

1985 年 Hopfield 利用连续型 Hopfield 神经网络成功求得 30 城市 TSP 问题的次优解，从而使得该网络的研究得到学者的重视。

旅行商问题（traveling salesman problem，TSP 问题）是数学领域中著名问题之一。假设有一个旅行商人要拜访 n 个城市，每个城市只能拜访一次，最后回到原来出发的城市。求如何选择最短路径。

TSP 问题的计算量如表 5－6 所示。

表 5－6　TSP 问题的计算量

城市数 n	7	15	20	50	100	200
加法数	2.5×10^3	6.5×10^{11}	1.2×10^{18}	1.5×10^{64}	5×10^{157}	1×10^{374}
所搜时间	2.5×10^{-5} s	1.8 h	350 年	5×10^{48} 年	10^{142} 年	10^{358} 年

TSP 问题的解答形式有多种，其中之一可采用表 5－7 所示的方阵形式（以 $n=5$ 为例）：

表 5－7　TSP 问题的解答形式

城市	路径				
	1	2	3	4	5
A	0	1	0	0	0
B	0	0	0	1	0
C	1	0	0	0	0
D	0	0	0	0	1
E	0	0	1	0	0

在表 5－7 所示的方阵中，A、B、C、D、E 表示城市名称，1、2、3、4、5 表示路径顺序。为了保证每个城市只去一次，方阵每行只能有一个元素为 1，其余为零。为了在某一时刻只能经过一个城市，方阵中每列也只能有一个元素为 1，其余为零。为使每个城市必须经过一次，方阵中 1 的个数总和必须为 n。对于所给方阵，其相应的路径顺序为 C-A-E-B-D-C，所走的距离为 $d=d_{CA}+d_{AE}+d_{EB}+d_{BD}+d_{DC}$。

由于 Hopfield 网络能够稳定到能量函数的一个局部极小，因此可将描述 TSP 问题的优化函数对应为能量函数，从而设计出对应的网络结构。

TSP 问题的优化函数可有多种形式，其中之一为

$$E=\frac{A}{2}\sum_{x}\sum_{i}\sum_{j\neq i}v_{x,i}v_{x,j}+\frac{B}{2}\sum_{i}\sum_{x}\sum_{y\neq x}v_{x,i}v_{y,i}+\frac{C}{2}\left(\sum_{x}\sum_{i}v_{x,i}-n\right)+\frac{D}{2}\sum_{x}\sum_{y\neq x}\sum_{i}d_{x,y}v_{x,i}(v_{y,i-1}+v_{y,i+1}) \tag{5-77}$$

在进行优化时，令$\sum w_{ij}v_j-\frac{u_i}{R_i}+I_I=-\frac{\partial E}{\partial v_i}$即可实现问题的求解。

小　　结

机器学习是多领域交叉学科，涉及概率论、统计学、逼近论、凸分析、算法复杂度理论等多门学科。专门研究计算机怎样模拟或实现人类的学习行为，以获取新的知识或技能，重新组织已有的知识结构使之不断改善自身的性能。机器学习在数据挖掘、模式识别、生物信息学等方面都有广泛应用。

本章介绍了机器学习的概念和一些主要算法。应该重点掌握决策树算法和前向神经网络、动态神经网络，需要掌握 BP 学习算法。掌握径向基网络、小脑网络和 Hopfield 网络的基本思想。

思考与练习

1. 学习系统的基本模型通常包含哪些部分?

2. 简述有监督学习和无监督学习的主要区别。

3. 什么是示例学习的解释过程?

4. 根据信息增益标准（ID3 算法）对表 5-8 所示的训练样本构造一棵决策树。

表 5-8　训练样本

实例序号	属性 x_1	属性 x_2	属性 x_3	决策
1	1	1	2	y_1
2	1	2	1	y_2
3	1	1	1	y_3
4	2	2	2	y_2
5	1	2	2	y_1
6	2	2	1	y_2
7	2	1	2	y_3
8	2	1	1	y_1

(1) 计算根节点的信息熵 H (S)。

(2) 计算根节点处属性 x_1、x_2 和 x_3 的条件熵。请问在决策树的根节点上测试属性应该选择哪一个属性?

5. BP 学习算法是有监督学习还是无监督学习? 简述该算法的思想。

6. 什么是神经网络的稳定状态?

7. RBF 神经网络的基本思想是什么?

8. 反馈动力学神经网络系统具有什么重要的特征?

9. CMAC 网络有什么特点?

10. 什么是 CMAC 网络的概念映射? 什么是 CMAC 网络的实际映射?

11. 什么是网络的能量井? 怎样获得期望的能量井?

12. 离散型 Hopfield 网络学习的实质是什么?

第 6 章

智能算法及其应用

智能优化算法在解决大空间、非线性、全局寻优、组合优化等复杂问题方面具有独特的优势，因而得到了国内外学者的广泛关注，并在信号处理、图像处理、生产调度、任务分配、模式识别、自动控制和机械设计等众多领域得到了成功应用。本章介绍 4 种经典智能优化算法（遗传算法、蚁群算法、粒子群算法、人工鱼群算法）的来源、原理、算法流程和关键参数说明，并给出最新进展和应用。

6.1 遗传算法

遗传算法是建立在自然选择和遗传学机理基础上的迭代自适应概率性搜索算法。其最早是在 20 世纪六七十年代由美国密歇根大学的 Holland 教授创立。60 年代初，Holland 在设计人工自适应系统时提出应借鉴遗传学基本原理模拟生物自然进化的方法。1975 年，Holland 出版了第一本系统阐述遗传算法基本理论和方法的专著，其中提出了遗传算法理论研究和发展中最重要的模式理论（ schemata theory）。因此，一般认为 1975 年是遗传算法的诞生年。同年，De. Jong 完成了大量基于遗传算法思想的纯数值函数优化计算实验的博士论文，为遗传算法及其应用打下了坚实的基础。1989 年，Goldberg 的著作对遗传算法做了全面系统的总结和论述，奠定了现代遗传算法的基础。

6.1.1 遗传算法概述

1. 问题编码策略

（1）编码原则。

用遗传算法解决问题时，首先要对待解决问题的模型结构和参数进行编码，一般用字符串表示。编码机制是遗传算法的基础。遗传算法不是对研究对象直接进行讨论，而是通过某种编码机制把对象统一赋予由特定符号（字符）按一定顺序排成的串。串的集合构成总体，个体就是串。对遗传算法的编码串可以有十分广泛的理解。对于优化问题，一个串对应于一个可能解。对于分类问题，一个串可解释为一个规则，即串的前半部分为输入或前件，后半部分为输出或后件、结论等。

目前还没有一套严密、完整的理论及评价准则来帮助设计编码方案。作为参考，De. Jong 提出了两条操作性较强的实用编码原则。这两条原则仅仅给出了设计编码方案的指导性大纲，并不适合于所有问题。

原则一（有意义积木块编码原则）：

应使用能易于产生与所求问题相关的且具有低阶、短定义长度模式的编码方案。

原则二（最小字符集编码原则）：

应使用能使问题得到自然表示或描述的具有最小编码字符集的编码方案。

原则一中，模式是指具有某些基因相似性的个体的集合。具有短定义长度、低阶且适应度较高的模式称为构造优良个体的积木块或基因块。原则一可以理解为应使用易于生成适应度高的个体编码方案。

原则二说明了人们为何偏爱使用二进制编码方法。理论分析表明，与其他编码字符集相比，二进制编码方案能包含最大的图式数，从而使得遗传算法在确定规模的群体中能够处理最多的图式。

（2）编码方法。

遗传算法中的编码方法可分为三大类，即二进制编码、浮点数编码和符号编码。

① 二进制编码。二进制编码方案是遗传算法中最常用的一种编码方法。它所构成的个体基因型是一个二进制编码符号串。二进制编码符号串的长度与问题求解精度有关。设某一参数的取值范围是 $[U_{min}, U_{max}]$，则二进制编码的编码精度为

$$\delta=\frac{U_{max}-U_{min}}{2^l-1} \tag{6-1}$$

假设某一个体的编码是 $x=[b_l b_{l-1} b_{l-2} \cdots b_2 b_1]$。则其对应的解码公式为

$$x=U_{min}+\left(\sum_{i=1}^{l} b_i 2^{i-1}\right)\frac{U_{max}-U_{min}}{2^l-1} \tag{6-2}$$

例如，对于 $x\in[0, 255]$，若用 8 位长的编码表示该参数。则下述符号串

$$x: 0\,0\,1\,0\,1\,0\,1\,1$$

就可表示一个个体。它所对应的参数值是 $x=43$。此时编码精度为 $\delta=1$。

二进制编码方法有如下优点：

- 编码、解码操作简单易行。
- 交叉、变异等遗传操作便于实现。
- 符合最小字符集编码原则。
- 便于利用图式（模式）定理对算法进行理论分析。

② 格雷码编码。普通二进制编码不便于反映所求问题的结构特征。对于一些连续函数的

优化问题等，由于遗传算法的随机特性而使其局部搜索能力较差。为改进这个弱点，人们提出用格雷码（Gray code）对个体进行编码。格雷码的编码方法是：连续两个整数所对应的编码值之间仅仅有一个码位是不相同的，其余码位都完全相同。格雷码编码是二进制编码方法的一种变形，其编码精度与同长度的自然二进制编码精度一样。十进制数与其自然二进制码和格雷码如表 6 - 1 所示。

表 6 - 1　十进制数与其自然二进制码和格雷码

十 进 制 数	自然二进制码	格 雷 码
0	0000	0000
1	0001	0001
2	0010	0011
3	0011	0010
4	0100	0110
5	0101	0111
6	0110	0101
7	0111	0100
8	1000	1100
9	1001	1101

假设有一个 m 位自然数二进制码为 $B=b_m b_{m-1}\cdots b_2 b_1$，其对应的格雷码为 $G=g_m g_{m-1}\cdots g_2 g_1$。则由二进制编码到格雷码的转换公式为

$$\begin{cases} g_m = b_m \\ g_i = b_{i+1}\,\mathrm{XOR}\,b_i, \quad i=m-1, m-2, \cdots, 1 \end{cases} \tag{6-3}$$

由格雷码到二进制码的转换公式为

$$\begin{cases} b_m = g_m \\ b_i = b_{i+1}\,\mathrm{XOR}\,g_i, \quad i=m-1, m-2, \cdots, 1 \end{cases} \tag{6-4}$$

格雷码有这样一个特点：任意两个整数之差是这两个整数所对应格雷码间的海明距离。这也是遗传算法中使用格雷码进行个体编码的主要原因。自然二进制码单个基因组的变异可能带来表现型的巨大差异（如从 127 变到 255 等）。而格雷码编码串之间的一位差异对应的参数值（表现型）也只是微小的差别。这样就增强了遗传算法的局部搜索能力，便于对连续函数进行局部空间搜索。

③浮点数编码。

浮点数编码方法是指个体的每个基因值用某一范围内的一个浮点数来表示，个体的编码长度等于其决策变量的个数。这种编码方法使用决策变量的真实值，所以浮点数编码也称真值编码方法。例如，若某一个优化问题含有 5 个变量 x_i（$i=1, 2, \cdots, 5$）。每个变量都有其对应的上下限，则 x：[5.80 6.90 3.50 3.80 5.00] 就表示了一个个体的基因型。

对于一些多维、高精度要求的连续函数优化问题，使用二进制编码表示个体有一些不利之处。首先，二进制编码存在离散化所带来的映射误差，精度会达不到要求。若提高精度，

则要加大二进制编码长度，大大增加了搜索空间。其次，二进制编码不便于反映所求问题的特定知识，不便于处理非平凡约束条件。最后，当用多个字节来表示一个基因值时，交叉运算必须在两个基因的分界字节处进行，而不能在某个基因的中间字节分隔处进行。

在浮点数编码方法中，必须保证基因值在给定的区间限制范围内。遗传算法中所使用的交叉、变异的遗传算子也必须保证其运算结果所产生的新个体的基因值也在这个区间限制范围内。

浮点数编码方法有下面几个优点：

- 适合于在 GA 中表示范围较大的数。
- 适合于精度要求较高的 GA。
- 便于较大空间的遗传搜索。
- 改善了 GA 的计算复杂性，提高了运算效率。
- 便于 GA 与经典优化方法的混合使用。
- 便于设计针对问题的专门知识的知识型遗传算子。
- 便于处理复杂的决策变量约束条件。

④符号编码。

符号编码方法是指个体编码串中的基因值取自一个无数值含义，只有代码含义的符号集。这个符号集可以是一个字母表，如 $\{A,B,C,D,\cdots\}$；也可以是一个数字序号表，如 $\{1,2,3,\cdots\}$；还可以是一个代码表，如 $\{C_1,C_2,C_3,\cdots\}$ 等。

对于使用符号编码的遗传算法，需要认真设计交叉、变异等遗传运算操作方法，以满足问题的各种约束要求。

符号编码的主要优点是：

- 符合有意义积木块编码原则。
- 便于在 GA 中利用所求解问题的专门知识。
- 便于 GA 与相关近似算法之间的混合使用。

⑤多参数级联编码方法。

一般常见的优化问题中往往含有多个决策变量。例如，六峰值驼背函数就含有两个变量。对这种含有多个变量的个体进行编码的方法就称为多参数编码方法。

多参数编码最常用和最基本的一种方法是：将各个参数分别以某种编码方法进行编码，然后将它们的编码按一定顺序连接在一起就组成了表示全部参数的个体编码，这种编码方法称为多参数级联编码方法。

在进行多参数级联编码时，每个参数的编码方式可以是二进制编码、格雷码、浮点数编码或符号编码等任一种编码方式。每个参数可以具有不同的上下界，也可以具有不同的编码长度和编码精度。

2. 遗传算子

(1) 选择算子。

选择算子就是从种群中选择出生命力强的、较适应环境的个体。这些选中的个体用于产生新种群。故这一操作也称再生（reproduction）。由于在选择用于繁殖下一代的个体时，根据个体对环境的适应度而决定其繁殖量，所以还称为非均匀再生（differential reproduction）。选择的依据是每个个体的适应度。适应度越大被选中的概率就越大，其子孙在下一代产生的个数就越多。其作用在于根据个体的优劣程度决定它在下一代是被淘汰还是被复制。一般地，通过选择算子将使适应度大（即优良）的个体有较大的存在机会；而适应度小（即低劣）的个体继续存在的机会较小。常见的选择方法有比例法、最优保存策略、无回放随机选择和排序法。

①比例法。比例法（proportional model）是一种回放式随机采样方法，也称赌轮选择法。其基本思想是：每个个体被选中的概率与其适应度大小成正比。由于随机操作的原因，这种选择方法的选择误差比较大。有时甚至连适应度比较高的个体也选择不上。设群体大小为 n，个体 i 的适应度为 f_i，则个体 i 被选中的概率为 P_i

$$P_i = \frac{f_i}{\sum_{i=1}^{n} f_i} \tag{6-5}$$

②最优保存策略。在进化过程中将产生越来越多的优良个体。但是，由于选择、交叉、变异等遗传操作的随机性，优良个体也有可能被破坏掉，这会降低种群的平均适应度，并对遗传算法的运行效率、收敛性都有不利影响，人们希望适应度最好的个体要尽可能地保留到下一代种群中。为了达到这个目的，可以使用最优保存策略（elitist model）来进行优胜劣汰操作，即当前群体中适应度最高的一个个体不参与交叉运算和变异运算，而是用它来替换掉本代群体中经过遗传操作后产生的适应度最低的个体。

最优保存策略可保证迄今所得的最优个体不会被遗传运算破坏。这是遗传算法收敛性的一个重要保证条件。但是，它也容易使得某个局部最优个体不易被淘汰掉反而快速扩散，从而使得算法的全局搜索能力不强，所以该方法一般要与其他选择操作方法配合起来使用，以取得良好效果。

最优保存策略可以推广，即在每一代的进化过程中保留多个最优个体不参加遗传运算，而直接将它们复制到下一代群体中，这种选择方法也称稳态复制。

③无回放随机选择。这种选择方法也称期望值选择方法（expected value model）。它的基本思想是：根据每个个体在下一代群体中的生存期望值来进行随机选择。其具体操作过程是：

计算群体中的每个个体在下一代群体中的生存期望数目 n_i

$$n_i = n\frac{f_i}{\sum_{i=1}^{n} f_i} \tag{6-6}$$

若某一个体被选中参与交叉运算，则它在下一代中的生存期望数目就会减去 0.5。若某一个体未被选中，则它在下一代中的生存期望数目就减去 1.0。随着选择过程的进行，若某个体的生存期望数目小于 0 时，则该个体就不再有机会被选中。这种选择操作方法能够降低选择误差，但操作不太方便。

④排序法。以上选择的操作方法都要求每个个体的适应度取非负值，这样就必须对负的适应度进行变换处理。而排序法（ranked based model）的主要着眼点是个体适应度之间的大

小关系，对个体适应度是否取正值或负值以及个体适应度之间的数值差异程度并无特别要求。

排序法的主要思想是：对群体中的所有个体按其适应度大小进行排序，按照排序结果来分配每个个体被选中的概率。

其具体操作过程是：对群体中的所有个体按其适应度大小进行降序排序，根据具体求解问题，设计一个概率分配表，将各个概率值按上述排列次序分配给各个体。以各个体所分配的概率值作为其遗传概率，基于这些概率值用比例法（赌轮）来产生下一代群体。

由于使用了随机性较强的比例选择方法，所以排序法仍具有较大的选择误差。

（2）交叉算子。

遗传算法的有效性主要来自选择和交叉操作，尤其是交叉算子在遗传算法中起着核心作用。如果只有选择算子，那么后代种群就不会超出初始种群，即第一代的范围。因此还需要其他算子，常用的有交叉算子和变异算子。

交叉算子就是在选中用于繁殖下一代的个体（染色体）中，对两个不同染色体相同位置上的基因进行交换，从而产生新的染色体。所以交叉算子又称重组（recombination）算子。当许多染色体相同或后代的染色体与上一代的染色体没有多大差别时，则可通过染色体重组来产生新一代染色体。染色体重组分两个步骤：首先进行随机配对，然后执行交叉操作。

交叉算子的设计和实现与所研究的问题密切相关，其主要考虑两个问题：如何确定交叉点的位置，以及如何进行部分基因交换。一般要求交叉算子既不要过分破坏个体编码中表示优良性状的优良图式，又要能够有效地产生出一些较好的新个体图式。另外，交叉算子的设计要和个体编码设计统一起来考虑。

交换算子有多种形式，包括单点交叉、双点交叉、多点交叉和算术交叉等。

①单点交叉。单点交叉（single point crossover）最简单，是简单遗传算法使用的交换算子。单点交叉从种群中随机取出两个字符串。假设串长为 L，然后随机确定一个交叉点，它在 1 到 $L-1$ 间的正整数取值。于是将两个串的右半段互换再重新连接得到两个新串，如图 6－1 所示。

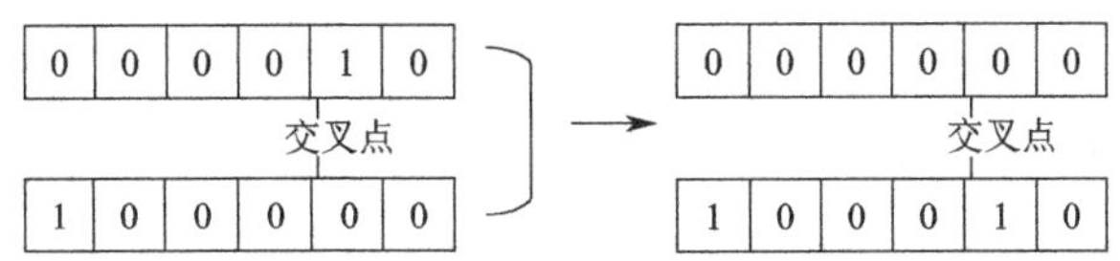

图 6－1　单点交叉

交叉得到的新串不一定都能保留至下一代，可以仅仅保留适应度大的那个串。

单点交叉的特点是：若邻接基因座之间的关系能提供较好的个体性状和较高的个体适应度，则这种单点交叉操作破坏这种个体性状和较低个体适应度的可能性最小。但是，单点交叉操作有一定的使用范围，故人们发展了其他一些交叉算子，例如，双点交叉、多点交叉和算术交叉等。

②双点交叉。双点交叉（two point crossover）是指在个体编码串中随机设置了两个交叉

点，然后再进行部分基因交换，即交换两个交叉点之间的基因段，如图 6-2 所示。

③多点交叉。将单点交叉和双点交叉的概念加以推广，可得到多点交叉（multi-point crossover）的概念，即在个体编码串中随机设置了多个交叉点，然后进行基因交换。多点交叉又称广义交叉，如图 6-3 所示。

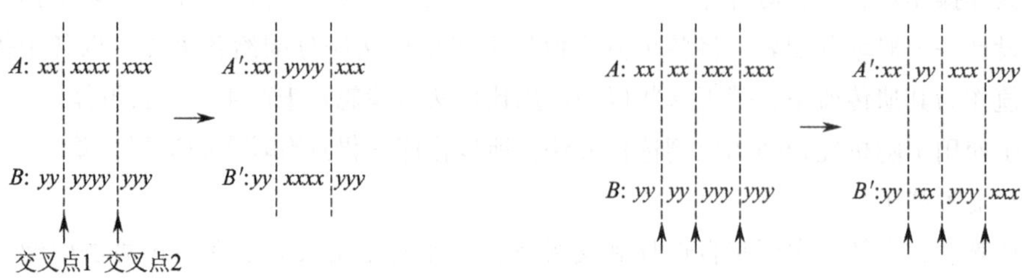

图 6-2 双点交叉　　　　图 6-3 多点交叉

多点交叉算子一般不常使用，因为它有可能破坏一些好图式。事实上，随着交叉点数的增多，个体的结构被破坏的可能性也逐渐增大。这样就很难有效保存较好的图式，从而影响遗传算法的性能。

④算术交叉。算术交叉（arithmetic crossover）是指由两个个体的线性组合产生出的两个新个体。为了能够进行线性组合运算，算术交叉的操作对象一般是由浮点数编码所表示的个体。假设在两个个体 X_A^t、X_B^t 之间进行算术交叉，则交叉运算后所产生的两个新个体是

$$\begin{cases} X_A^{t+1}=\alpha X_B^t+(1-\alpha)X_A^t \\ X_B^{t+1}=\alpha X_A^t+(1-\alpha)X_B^t \end{cases} \tag{6-7}$$

式中，α 为一个参数。它可以是一个常数，此时所进行的交叉运算称为均匀算术交叉；它也可以是一个由进化代数所决定的变量，此时所进行的交叉运算称为非均匀算术交叉。

（3）变异算子。

变异也称突变，就是在选中的染色体中，对染色体中的某些基因执行异向转化。选择和交叉算子基本上完成了遗传算法的大部分搜索功能。而变异算子则增加了遗传算法找到全局最优解的能力。变异算子以很小的概率随机改变字符串某个位置上的值。在二进制编码中就是将 0 变成 1，将 1 变成 0。变异发生的概率极小。它本身是一种随机搜索，但与选择、交叉算子结合在一起，就能避免由复制和交叉算子引起的某些信息的永久性丢失，从而保证了遗传算法的有效性。

一般认为变异算子的重要性次于交叉算子，但其作用也不能忽视。例如，若在某个位置上初始群体的所有串都取 0。但最优解在这个位置上却取 1。这样只通过交叉达不到 1，而突变则可做到。交叉算子可以接近最优解，但是无法对搜索空间的细节进行局部搜索。使用变异算子来调整个体中的个别基因，就可以从局部的角度出发使个体更加逼近最优解。在遗传算法中使用变异算子的目的主要有两点：改善遗传算法的局部搜索能力；维持种群多样性，防止出现早熟现象。

变异算子的设计包括两个主要问题：如何确定变异点的位置和如何进行基因值替换。最

简单的变异算子是基本位变异算子，其他方法有均匀变异、非均匀变异和高斯变异等。

①基本位变异。基本位变异（simple mutation）是指对个体编码串中以变异概率 P_m 随机指定某一位或某几位基因座上的基因值作变异运算。基本位变异操作改变的只是个体编码串中的个别几个基因座上的基因值，并且变异发生的概率也比较小，所以其发挥的作用比较慢，作用的效果也不明显。

②均匀变异。均匀变异（uniform mutation）是指分别用符合某一范围内均匀分布的随机数，以某一较小的概率来替换个体编码中各个基因座上的原有基因值，即对每一个基因都以一定概率进行变异，变异的基因值为均匀概率分布的随机数。

均匀变异操作特别适合应用于遗传算法的初期运行阶段。它使得搜索点可以在整个搜索空间内自由地移动，从而可以增加群体的多样性，使算法能处理更多的图式。例如，某变异点的新基因值可为

$$x_k' = U_{\min}^k + r(U_{\max}^k - U_{\min}^k) \tag{6-8}$$

其中，$[U_{\min}^k, U_{\max}^k]$是基因值的取值范围，r 是$[0,1]$上的均匀随机数。

③ 非均匀变异。均匀变异可使得个体在搜索空间内自由移动。但是，它不便于对某一重点区域进行局部搜索。为此，对原有基因值作一个随机扰动，以扰动后的结果作为变异后的新基因值。对每个基因座都以相同的概率进行变异运算之后，相当于整个解向量在解空间中做了一个轻微的变动，这种变异操作方法就是非均匀变异（non-uniform mutation）。非均匀变异的具体操作过程与均匀变异相类似，但它重点搜索原个体附近的微小区域。某变异点的新基因值可为

$$x'_k = x_k \pm \Delta(t) \tag{6-9}$$

其中，Δ 是非均匀分布的一个随机数，要求随着进化代数 t 的增加，Δ 接近于 0 的概率也逐渐增加。

非均匀变异可使得遗传算法在其初始阶段（较小时）进行均匀随机搜索，而在其后期运用阶段（t 比较大时）进行局部搜索，所以，它产生的新基因值比均匀变异所产生的基因值更接近于原有基因值。故随着算法的运行，非均匀变异就使得最优解的搜索过程更加集中在某一最有希望的重点区域中。

④ 高斯变异。高斯变异（Gaussian mutation）是改进遗传算法对重点搜索区域的局部搜索性能的另一种方法。所谓高斯变异操作，是指进行变异操作时，用一个符合均值为 μ、方差为 δ^2 的正态分布随机数来替换原有基因值，高斯变异的具体操作过程与均匀变异相类似。

6.1.2 遗传算法研究与应用

1. 遗传算法应用中需注意的问题

（1）编码策略。

编码策略应用是遗传算法的第一个关键步骤，针对不同问题应该结合其特点设计合理有效的编码策略。只有正确表示了问题的各种参数，考虑到了所有约束，遗传算法才有可能有

最优结果；否则将直接导致错误结果或者算法失败。编码的串长度及编码形式对遗传算法收敛影响极大。

（2）适应函数。

适应函数（fitness function）是问题求解品质的测量函数，是对生存环境的模拟。一般可以把问题的模型函数作为适应函数，但有时需要另行构造。

（3）控制参数。

种群容量、交叉概率和变异概率直接影响遗传算法的进化过程。种群容量 n 太小时难以求出最优解，太大则增长收敛时间。一般情况下 $n=30:60$。交叉概率 P_c 太小时难以向前搜索，太大则容易破坏高适应值的结构。一般取 $P_c=0.25:0.9$。变异概率 P_m 太小时难以产生新的基因结构，太大则使遗传算法成了单纯的随机搜索。一般取值为 100：500。遗传算法的进化代数也会影响结果。一般取值为 100～500。

（4）对收敛的判断。

遗传算法中采用较多的收敛依据有以下几种：根据进化代数和每一代种群中的新个体数目；根据质量来判断，即连续几次进化过程中的最好解没有变化；根据种群中最好解的适应度与平均适应度之差对平均值的比来确定。

（5）防止早熟。

遗传算法的早熟现象（premature）就是演化过程过早收敛，表现为在没有完全达到用户目标的情况下，程序却判断为已经找到优化解而结束遗传算法循环。这是遗传算法研究中的一个难点。其原因有多种，最可能的原因是来自于对选择方法的安排，提高变异操作的发生概率能尽量避免由此导致的过早收敛出现。

（6）防止近缘杂交 。

同自然界的生物系统一样，近缘杂交（inbreeding）会产生不良后代，因此有必要在选择过程中加入双亲资格判断程序。例如，从赌轮法得到的双亲要经过一个比较，若相同则再次进入选择过程。当选择失败次数超过一个阈值时，就强行从一个双亲个体周围选择另一个个体，然后进入交叉操作。

2. 用遗传算法解决 TSP 问题

TSP（traveling salesman problem）是旅行商问题的英文缩写，TSP 是一个经典的 NP 问题。NP 问题用穷举法不能在有效时间内求解，所以只能使用启发式搜索。遗传算法是求解此类问题比较实用、有效的方法之一。

TSP 的数学表述为：在有限城市集合 $V=\{v_1,v_2,v_3,\cdots,v_n\}$ 上，求一个城市访问序列 $T=(t_1,t_2,\cdots,t_n,t_{n+1})$，其中 $t_i,t_j\in V,i\neq j(i,j=1,2,\cdots,n)$，并且 $t_{n+1}=t_1$，使得该序列对应的城市距离之和最小，即

$$\min(L)=\sum_{i=1}^{n}d(t_i,t_{i+1}) \tag{6-10}$$

（1）编码策略。

TSP 最直观的编码方式：每一个城市用一个码（数字或者字母）表示，则城市访问序列就构成一个码串。例如，用$[1,n]$上的整数分别表示 n 个城市，即

$$\begin{array}{ccccc} v_1 & v_2 & v_3 & \cdots & v_n \\ \downarrow & \downarrow & \downarrow & & \downarrow \\ 1 & 2 & 3 & \cdots & n \end{array} \tag{6-11}$$

则编码串 $T=(1,2,3,4,\cdots,n)$表示一个 TSP 路径。这个编码串对应的城市访问路线是：从城市 v_1 开始，依次经过 $v_2,v_3,v_4,\cdots,v_n$，最后返回出发城市 v_1。

对于 TSP 而言，这种编码方法是最自然的一种方式。但是与这种编码方法所对应的交叉运算和变异运算实现起来比较困难。因为常规的运算会产生一些不满足约束或者无意义的路线。

为了克服上述编码方法的缺点，基于对各个城市的访问顺序，Grefenstette 等人提出了一种新编码方法，该方法能够使得任意的基因型个体都能够对应于一条具有实际意义的巡回路线。对于一个城市列表 V，假定对各个城市的一个访问顺序为 $T=(t_1,t_2,\cdots,t_n,t_{n+1})$。规定每访问一个城市，就从未访问城市列表 $W=V-\{t_1,t_2,\cdots,t_{i-1}\}(i=1,2,3,\cdots,n)$中将该城市去掉。然后用第 i 个所访城市 t_i 在未访问城市列表 W 中的对应位置序号 g_i（$1\leqslant g_i\leqslant n-i+1$）表示具体访问哪个城市。如此进行一直处理完 V 中所有的城市，将全部 g_i 顺序排列在一起所得的一个列表$G=(g_1g_2g_3\cdots g_n)$就表示一条巡回路线。

【例 6.1】 设有 7 个城市分别为$V=(a,b,c,d,e,f,g)$。对于如下两条巡回路线：

$$T_x=(a,d,b,f,g,e,c,a)$$

$$T_y=(b,c,a,d,e,f,g,b)$$

用 Grefenstette 等人所提出的编码方法，其编码为

$$G_x=(1313321)$$

$$G_y=(2211111)$$

(2) 遗传算子。

TSP 对遗传算子的要求：对任意两个个体的编码串进行遗传操作之后，得到的新编码必须对应合法的 TSP 路径。

对于 TSP 使用 Grefenstette 编码时，个体基因型和个体表现型之间具有一一对应的关系。也就是它使得经过遗传运算后得到的任意的编码串都对应于一条合法的 TSP 路径，所以可以用基本遗传算法来求解 TSP。于是交叉算子可以使用通常的单点或者多点交叉算子；变异运算也可使用常规的一些变异算子。只是基因座 g_i（$i=1,2,3,\cdots,n$）所对应的等位基因值应从$\{1,2,3,\cdots,n-i+1\}$中选取。

【例 6.2】 例 6-1 中的两个 TSP 个体编码经过单点交叉之后可得两个新个体

$$\begin{array}{l} G_x=(1313321) \\ G_y=(2211111) \end{array} \xrightarrow{\text{单点交叉}} \begin{array}{l} G'_x=(1313\underline{111}) \\ G'_y=(2211\underline{321}) \end{array}$$

对它们进行解码处理后，可得到两条新的巡回路线

$$T'_x=(a,d,b,f,c,e,g,a)$$

$$T'_y=(b,c,a,d,g,f,e,b)$$

在设计遗传算子时，一般希望它能够有效遗传个体的重要表现性状。对于 TSP 使用

Grefenstette 编码时，编码串中前面基因座上的基因值改变，会对后面基因座上的基因值产生不同解释。所以，这里使用单点交叉算子，个体在交叉点之前的性状能够被完全继承下来，而在交叉点之后的性状就改变得相当大。

（3）适应函数

TSP 的解要求路径总和越小越好。而遗传算法中的适应度一般要求越大越好。所以，TSP 适应函数可以简单地取路径总和的倒数。例如，$F(T)=n/\text{Length}(T)$，其中 T 表示一条完整的 TSP 路径，Length(T) 表示路径 T 的总长度，n 表示城市总数目。

6.2 粒子群优化算法

粒子群算法是一种群智能算法，群智能是由昆虫群体或其他动物社会行为机制而激发设计出的算法或分布式解决问题的策略。生物学家研究表明：在这些群居生物中，虽然每个个体的智能不高，行为简单，也不存在集中的指挥，但由这些单个个体组成的群体，似乎在某种内在规律的作用下，却表现出异常复杂而有序的群体行为。这些个体有两个特点：①个体行为受到群体行为的影响，趋利避害。就是说个体之间是存在信息交流的。②群体有着很强的生存能力，但是这种能力不是个体行为的叠加。

1. 群智能的基本原则

（1）邻近原则（proximity principle）：群体能够进行简单的空间和时间计算。

（2）质量原则（quality principle）：群体不仅能够对时间和空间因素做出反应，而且能够响应环境中的质量因子（如事物的质量或位置的安全性）。

（3）多样性反应原则（principle of diverse response）：群体不应将自己获取资源的途径限制在过分狭窄的范围内。

（4）稳定性原则（stability principle）：即群体不应随着环境的每一次变化而改变自己的行为模式。

（5）适应性原则（adaptability principle）：当改变行为模式带来的回报与能量投资相比是值得的时，群体应该改变其行为模式。

2. 群智能的特点

（1）分布式的控制，不存在中心控制。

（2）群体中的每个个体都能够改变环境，这是个体之间间接通信的一种方式，这种方式称为“激发工作”（stigmergy）。

（3）群体中每个个体的能力或遵循的行为规则非常简单，因而群智能的实现比较方便，具有简单性的特点。

（4）群体表现出来的复杂行为是通过简单个体的交互过程突现出来的智能（emergent intelligence），因此群体具有自组织性。

粒子群算法源于复杂适应系统（complex adaptive system，CAS）。CAS 理论于 1994 年正式提出，CAS 中的成员称为主体。比如研究鸟群系统，每个鸟在这个系统中就称为主体。主体有适应性，它能够与环境及其他的主体进行交流，并且根据交流的过程“学习”或“积累经验”改变自身结构与行为。整个系统的演变或进化包括：新层次的产生（小鸟的出生）；分化和多样性的出现（鸟群中的鸟分成许多小的群）；新的主题的出现（鸟寻找食物过程中，不断发现新的食物）。

6.2.1 粒子群优化概述

粒子群算法（particle swarm optimization，PSO）最早由 Eberhart 和 Kennedy 于 1995 年提出，它的基本概念源于对鸟群觅食行为的研究。设想这样一个场景：一群鸟在随机搜寻食物，在这个区域里只有一块食物，所有的鸟都不知道食物在哪里，但是它们知道当前的位置离食物还有多远。鸟找到食物的最优策略是搜寻目前离食物最近的鸟的周围区域。

三个简单的行为准则：

(1) 冲突避免：群体在一定空间移动，个体有自己的移动意志，但不能影响其他个体移动，避免碰撞和争执。

(2) 速度匹配：个体必须配合中心移动速度，不管在方向、距离与速率都必须互相配合。

(3) 群体中心：个体将会向群体中心移动，配合群体中心向目标前进。

PSO 算法从这种生物种群行为特性中得到启发并用于求解优化问题。在 PSO 中，每个优化问题的潜在解都可以想象成 d 维搜索空间上的一个点，称为“粒子”（particle），所有的粒子都有一个被目标函数决定的适应值（fitness value），每个粒子还有一个速度决定它们飞翔的方向和距离，然后粒子就追随当前的最优粒子在解空间中搜索。Reynolds 对鸟群飞行的研究发现，鸟仅仅是追踪它有限数量的邻居，但最终的整体结果是整个鸟群好像在一个中心的控制之下．即复杂的全局行为是由简单规则的相互作用引起的。

PSO 算法就是模拟一群鸟寻找食物的过程，每个鸟就是 PSO 中的粒子，也就是需要求解问题的可能解，这些鸟在寻找食物的过程中，不停改变自己在空中飞行的位置与速度。鸟群在寻找食物的过程中，开始鸟群比较分散，逐渐这些鸟就会聚成一群，这个群忽高忽低、忽左忽右，直到最后找到食物。

PSO 几个核心概念：

- 粒子（particle）：一只鸟。类似于遗传算法中的个体。
- 种群（population）：一群鸟。类似于遗传算法中的种群。
- 位置（position）：一个粒子（鸟）当前所在的位置。
- 经验（best）：一个粒子（鸟）自身曾经离食物最近的位置。
- 速度（velocity）：一个粒子（鸟）飞行的速度。
- 适应度（fitness）：一个粒子（鸟）距离食物的远近。与遗传算法中的适应度类似。

将上述过程转化为一个数学问题。寻找函数 $y=1-\cos 3\cdot x\cdot \exp(-x)$ 在[0,4]的最大值。在[0,4]之间放置了两个随机的点，这些点的坐标假设为 $x_1=1.5$，$x_2=2.5$。这里的点是一个标量，但是经常遇到的问题可能是更一般的情况——x 为一个矢量的情况，比如二维的情况 $z=2x_1+3x_2$。这个时候的每个粒子为二维，记粒子 $P_1=(x_{11},x_{12})$，$P_2=(x_{21},x_{22})$，

$P_3=(x_{31},x_{32}),\cdots,P_n=(x_{n1},x_{n2})$。这里 n 为粒子群群体的规模，也就是这个群中粒子的个数，每个粒子的维数为 2。更一般的是粒子的维数为 q，这样在这个种群中有 n 个粒子，每个粒子为 q 维。

由 n 个粒子组成的群体对 q 维（就是每个粒子的维数）空间进行搜索。每个粒子表示为 $x_i=(x_{i1},x_{i2},x_{i3},\cdots,x_{iq})$，每个粒子对应的速度可以表示为 $v_i=(v_{i1},v_{i2},v_{i3},\cdots,v_{iq})$，每个粒子在搜索时要考虑两个因素：

（1）粒子本身搜索到的历史最优值 $p_i,p_i=(p_{i1},p_{i2},\cdots,p_{iq}),i=1,2,3,\cdots,n$。

（2）全部粒子搜索到的最优值 $p_g,p_g=(p_{g1},p_{g2},\cdots,p_{gq})$，注意这里的 p_g 只有一个。下面给出粒子群算法的位置速度更新公式：

$$\begin{aligned} v_{id}^{k+1}&=wv_{id}^{k}+c_1\xi(p_{id}^{k}-x_{id}^{k})+c_2\eta(p_{gd}^{k}-x_{id}^{k}),\\ x_{id}^{k+1}&=x_{id}^{k}+rv_{id}^{k+1} \end{aligned} \tag{6-12}$$

从物理原理上来解释这个速度更新公式，将该公式分为三个部分（以＋间隔）：

第一部分是惯性保持部分，粒子沿着当前的速度和方向惯性飞行，不会偏移，直来直去。（牛顿第一运动定律）

第二部分是自我认知部分，粒子受到自身历史最好位置的吸引力，有回到自身历史最好位置的意愿。（牛顿第二运动定律）

第三部分是社会认知部分，粒子处在一个社会中（种群中），社会上有更好的粒子（成功人士），粒子受到成功人士的吸引力，有去社会中成功人士位置的意愿。（牛顿第二运动定律）

速度更新公式的意义就是粒子在自身惯性和两种外力作用下，速度和方向发生的改变。

需要注意的是，这三部分都有重要含义。没有惯性部分，粒子们将很快向当前的自身最优位置和全局最优粒子位置靠拢，变成了一个局部算法了。有了惯性，不同粒子将有在空间中自由飞行的趋势，能够在整个搜索区域内寻找食物（最优解）。而没有自我认知部分，粒子们将向当前的全局最优粒子位置靠拢，容易陷入局部最优。没有社会认知部分，粒子们各自向自身最优位置靠拢，各自陷入自身最优，整个搜索过程都不收敛了。

w 是保持原来速度的系数，所以称为惯性权重。如果 $w=0$，则速度只取决于当前位置和历史最好位置，速度本身没有记忆性。假设一个粒子处在全局最好位置，它将保持静止，其他粒子则飞向它的最好位置和全局最好位置的加权中心。粒子将收缩到当前全局最好位置。加上第一部分后，粒子有扩展搜索空间的趋势，其作用表现为针对不同的搜索问题，调整算法的全局和局部搜索能力的平衡。如果 w 较大，则粒子的全局寻优能力强，局部寻优能力弱；反之，粒子局部寻优能力强，全局寻优能力弱。也就是说，如果 w 过大，则容易错过最优解；如果 w 过小，则算法收敛速度慢或是容易陷入局部最优解。当问题空间较大时，为了在搜索速度和搜索精度之间达到平衡，通常的做法是使算法在前期有较高的全局搜索能力以得到合适的种子，而在后期有较高的局部搜索能力以提高收敛精度。

由于较大的权重因子有利于跳出局部最小点，便于全局搜索，而较小的惯性因子则有利于对当前的搜索区域进行精确局部搜索，以利于算法收敛，因此，针对 PSO 算法容易早熟以及算法后期易在全局最优解附近产生振荡现象，可以采用线性变化的权重，让惯性权重从最

大值 w_{max} 线性减小到最小值 w_{min}。因此有以下动态惯性权重公式：

$$w=w_{max}-(w_{max}-w_{min})\cdot\frac{run}{run_{max}} \tag{6-13}$$

其中，w_{max} 表示最大惯性权重；w_{min} 表示最小惯性权重；run 表示当前迭代次数；run_{max} 表示算法最大迭代总次数。随着迭代次数的增加，w 不断减小，从而使算法在初期有较强的全局收敛能力，而晚期有较强的局部收敛能力。

c_1 是粒子跟踪自己历史最优值的权重系数，它表示粒子自身的认识，所以称为“认知”。通常设置为 2。

c_2 是粒子跟踪群体最优值的权重系数，它表示粒子对整个群体知识的认识，所以称为“社会知识”，经常称为“社会”。通常设置为 2。

c_1、c_2 具有自我总结和向优秀个体学习的能力，从而使微粒向群体内或领域内的最优点靠近。c_1、c_2 分别调节微粒向个体最优或者群体最优方向飞行的最大步长，决定微粒个体经验和群体经验对微粒自身运行轨迹的影响。学习因子较小时，可能使微粒在远离目标区域内徘徊；学习因子较大时，可使微粒迅速向目标区域移动，甚至超过目标区域。因此，c_1 和 c_2 的搭配不同，将会影响到 PSO 算法的性能。过大或过小的 c_1、c_2 都将使优化过程陷入局部最优解中：

① c_1、c_2 过小时，自身经验和社会经验在整个寻优过程中所起的作用小，使得寻优过程过于随机。

② c_1、c_2 过大时，调整的幅度过大，容易陷入局部最优中。

③ c_1 相对小、c_2 相对大时，将盲目地向 gbest 快速聚集，收敛速度加快的同时，盲目性使得粒子容易错过更好解，陷入局部最优中。

④ c_1 相对大、c_2 相对小时，粒子寻优路线趋于多样化。粒子行为分散，而且进化速度慢，导致收敛速度慢，有时可能难以收敛。

如果令 $c_1=c_2=0$，粒子将一直以当前速度的飞行，直到边界，很难找到最优解。Suganthan 的实验表明：c_1 和 c_2 为常数时可以得到较好的解，但不一定必须等于 2。Clerc 引入收敛因子（constriction factor）K 来保证收敛性，并可取消对速度的边界限制。

$$\begin{aligned}&v_i=K[v_i+\varphi_1\cdot \mathrm{rand}()\cdot(p_{id}-x_i)+\varphi_2\cdot \mathrm{rand}()\cdot(p_{gd}-x_i)]\\&K=\frac{2}{\left|2-\varphi-\sqrt{\varphi^2-4\varphi}\right|},\quad \varphi=\varphi_1+\varphi_2,\varphi>4\end{aligned} \tag{6-14}$$

通常取 φ 为 4.1，则 $K=0.729$。实验表明，与使用惯性权重的 PSO 算法相比，使用收敛因子的 PSO 有更快的收敛速度。其实只要恰当的选取 w 和 c_1、c_2，两种算法是一样的。因此使用收敛因子的 PSO 可以看作使用惯性权重 PSO 的特例。

ξ、η 是 [0，1] 区间内均匀分布的随机数。

r 是对位置更新的时候，在速度前面加的一个系数，这个系数称为约束因子。通常设置为 1。

p_{id} 表示第 i 个变量的个体极值的第 d 维；p_{gd} 表示全局最优解的第 d 维。维度过小，算法早熟，陷入局部最优；维度过大，求解精度提高，但算法速度慢，比较耗时。

公式表明粒子的速度和其先前速度、p_{id}、p_{gd} 三者都有关系，因此可将公式分为三部分解读：

第一部分为粒子先前速度。

第二部分为“认知”部分，表示粒子自身的思考，是粒子 i 当前位置与自己最佳位置之间的距离。

第三部分为“社会部分”，表示粒子间的信息共享与合作，是粒子 i 当前位置与群体最佳位置之间的距离。

总的来说，粒子的速度是三个方向速度的加权矢量和。

最大速度 v_{max}：v_{max} 过大，粒子运动速度快，微粒探索能力强，但容易越过最优的搜索空间，错过最优解；v_{max} 较小，容易进入局部最优，可能会使微粒无法运动足够远的距离以跳出局部最优，从而也可能找不到最优解。

种群规模（sizepop）：种群规模过小，算法收敛速度快，但是容易陷入局部最优；种群规模过大，算法收敛速度较慢；导致计算时间增加，而且群体数目增加到一定数目时，再增加微粒数目不再有显著的效果。

下面对整个基本的粒子群算法的过程给一个简单的流程图表示，如图 6－4 所示。

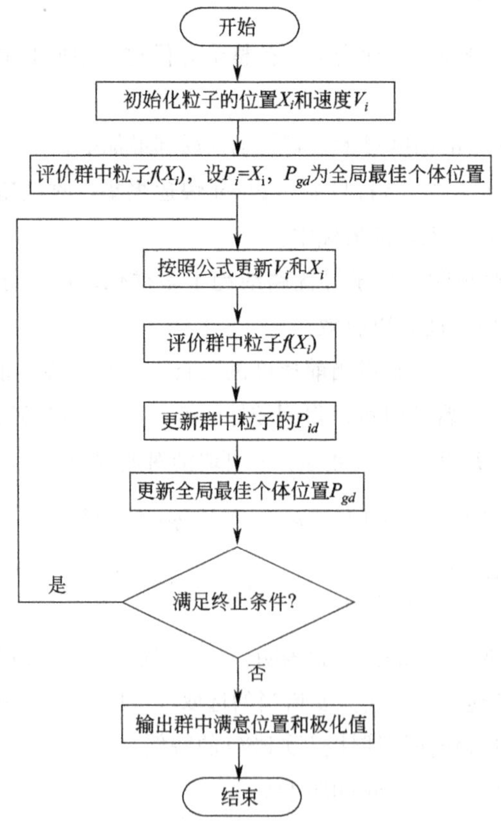

图 6－4　基本粒子群算法流程图

（1）初始化。初始化粒子群（粒子群共有 n 个粒子）：给每个粒子赋予随机的初始位置和速度。

（2）计算适应值。根据适应度函数，计算每个粒子的适应值。

（3）求个体最佳适应值。对每一个粒子，将其当前位置的适应值与其历史最佳位置（p_{id}）对应的适应值比较，如果当前位置的适应值更高，则用当前位置更新历史最佳位置。

（4）求群体最佳适应值。对每一个粒子，将其当前位置的适应值与其全局最佳位置（p_{gd}）对应的适应值比较，如果当前位置的适应值更高，则用当前位置更新全局最佳位置。

（5）更新粒子位置和速度。根据公式更新每个粒子的速度与位置。

（6）判断算法是否结束。若未满足结束条件，则返回步骤（2），若满足结束条件则算法结束，全局最佳位置（p_{gd}）即全局最优解。

注意：这里的粒子是同时跟踪自己的历史最优值与全局（群体）最优值来改变自己的位置预速度的，所以又称全局版本的标准粒子群优化算法。

标准粒子群优化算法伪代码如下：

```
For each particle
Initialize particle
END
Do
For each particle
Calculate fitness value
If the fitness value is better than the best fitness value (pBest) in history
set current value as the new pBest
End
Choose the particle with the best fitness value of all the particles as the gBest
For each particle
Calculate particle velocity according equation (a)
Update particle position according equation (b)
End
While maximum iterations or minimum error criteria is not attained
```

在全局版的标准粒子群算法中，每个粒子的速度更新是根据两个因素来变化的，这两个因素是：①粒子自己历史最优值 p_i。②粒子群体的全局最优值 p_g。如果改变粒子速度更新公式，让每个粒子的速度的更新根据以下两个因素更新，其一是粒子自己历史最优值 p_i；其二是粒子邻域内粒子的最优值 pn_k。其余保持跟全局版的标准粒子群算法一样，这个算法就变为局部版的粒子群算法。

一般而言，一个粒子 i 的邻域随着迭代次数的增加而逐渐增加，开始第一次迭代，它的邻域为 0，随着迭代次数邻域线性变大，最后邻域扩展到整个粒子群，这时就变成全局版本的粒子群算法了。经过实践证明：全局版本的粒子群算法收敛速度快，但是容易陷入局部最优。局部版本的粒子群算法收敛速度慢，但是不易陷入局部最优。现在的粒子群算法大都在平衡收敛速度与摆脱局部最优间的矛盾。

局部 PSO 模型：

D 维搜索空间中，有 N 个粒子组成一群体。

粒子 i 位置：$X_i=(x_{i1},x_{i2},\cdots,x_{iD})$；

粒子 i 历史最佳位置：$P_i=(p_{i1},p_{i2},\cdots,p_{iD})$；

粒子群的邻居最佳位置：$L_i=(L_{i1},L_{i2,\cdots},L_{iD})$；

粒子 i 飞行速度：$V_i=(v_{i1},v_{i2},\cdots,v_{iD})$；

更新公式：

$$v_{ij}(t+1)=wv_{ij}(t)+c_1\cdot\mathrm{Rand}()\cdot(p_{ij}(t)-x_{ij}(t))\cdot c_2\cdot\mathrm{Rand}()\cdot(l_{ij}(t)-x_{ij}(t))$$

$$x_{ij}(t+1)=x_{ij}(t)+v_{ij}(t+1)$$

$$L_i(t+1)=\underset{n\in\mathrm{Neighbor}(i)}{\arg}\min f(P_n(t)) \tag{6-15}$$

注意：和全局 PSO 模型相比，局部粒子群的最佳位置改成了邻居最佳位置，这样局部 PSO 就可以形成多个比较好的解。在后面速度的更新公式也只是第三部分改成邻居最佳位置减去现有的位置向量，其他都不变。

局部 PSO 算法的流程图如图 6－5 所示。

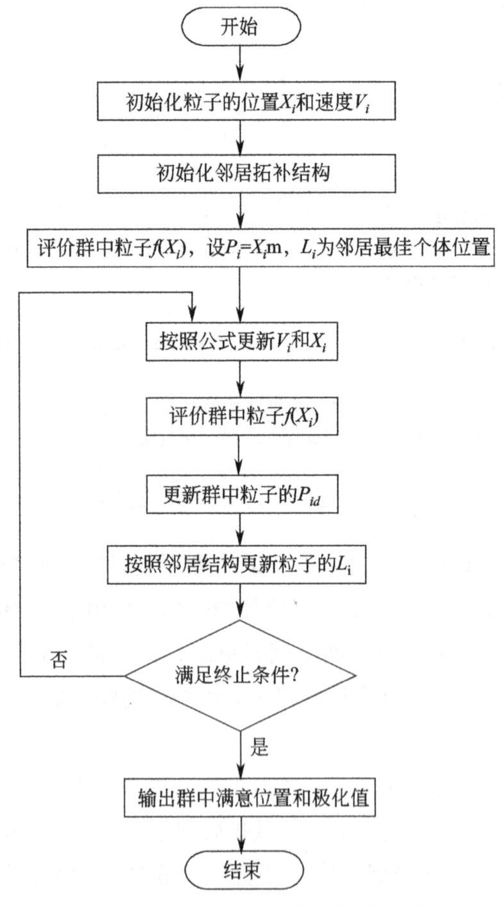

图 6－5　局部 PSO 算法的流程图

根据取邻域的方式的不同，局部版本的粒子群算法有很多不同的实现方法。

第一种方法：按照粒子的编号取粒子的邻域，取法有 4 种：环形取法 、随机环形取法、轮形取法、随机轮形取法，如图 6-6 所示。

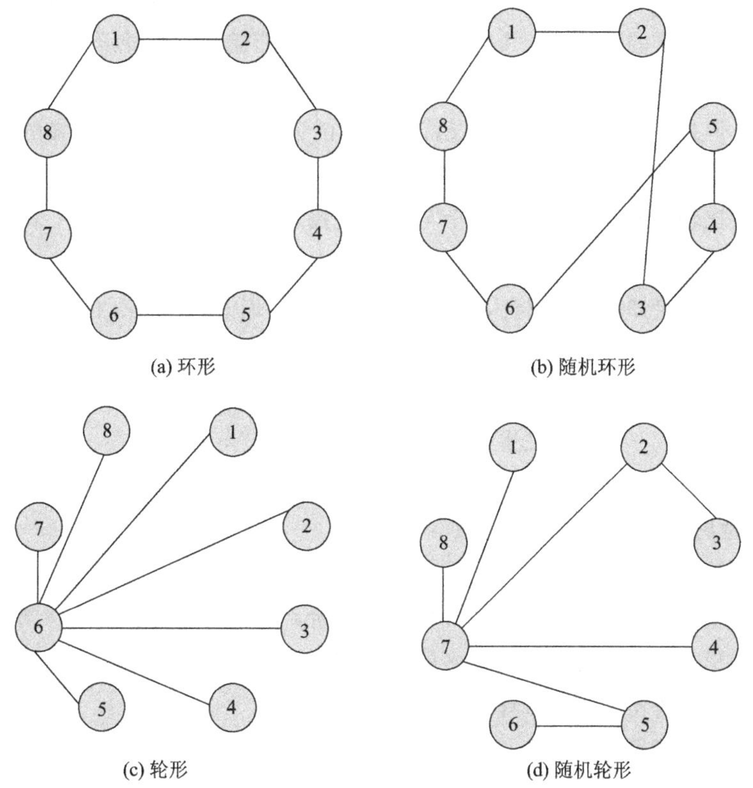

图 6-6　粒子领域的取法

以环形进行说明，以粒子 1 为例，当邻域是 0 时，邻域是它本身；当邻域是 1 时，邻域为 2，8；当邻域是 2 时，邻域是 2，3，7，8；……；依此类推，一直到邻域为 4，这个时候，邻域扩展到整个例子群体。

第二种方法：按照粒子的欧式距离取粒子的邻域。

在第一种方法中，按照粒子的编号来得到粒子的邻域，但是这些粒子其实可能在实际位置上并不相邻，于是 Suganthan 提出基于空间距离的划分方案，在迭代中计算每一个粒子与群中其他粒子的距离。记录任何两个粒子间的最大距离为 d_m。对每一粒子按照 $\|x_a-x_b\|/d_m$ 计算一个比值。其中 $\|x_a-x_b\|$ 是当前粒子 a 到 b 的距离。而选择阈值 frac 根据迭代次数而变化。当另一粒子 b 满足 $\|x_a-x_b\|/d_m<\text{frac}$ 时，认为 b 成为当前粒子的邻域。

这种办法经过实验，取得较好的应用效果，但是由于要计算所有粒子之间的距离，计算量大，且需要很大的存储空间，所以该方法一般不经常使用。

粒子群算法主要分为 4 大类：

(1) 标准粒子群算法的变形。

在这个分支中，主要是对标准粒子群算法的惯性因子、收敛因子（约束因子）、"认知"部分的 c_1，"社会"部分的 c_2 进行变化与调节，希望获得好的效果。

惯性因子的原始版本是保持不变的，后来有人提出随着算法迭代的进行，惯性因子需要逐渐减小的思想。算法开始阶段，大的惯性因子可以使算法不容易陷入局部最优，到算法的后期，小的惯性因子可以使收敛速度加快，使收敛更加平稳，不至于出现振荡现象。但是递减惯性因子采用什么样的方法呢？人们首先想到的是线形递减，这种策略的确很好，但是是不是最优的呢？于是有人对递减的策略作了研究，研究结果指出：线性函数的递减优于凸函数的递减策略，但是凹函数的递减策略又优于线性的递减。对于社会与认知的系数 c_2，c_1 也有人提出：c_1 先大后小，而 c_2 先小后大的思想，因为在算法运行初期，每只鸟要有大的自己的认知部分而又比较小的社会部分，这个与一群人找东西的情形比较接近，因为在人们找东西的初期，基本依靠自己的知识去寻找，而后来，人们积累的经验越来越丰富，于是大家开始逐渐达成共识（社会知识），这样人们就开始依靠社会知识来寻找东西了。

2007 年希腊的两位学者提出将收敛速度比较快的全局版本的粒子群算法与不容易陷入局部最优的局部版本的粒子群算法相结合的办法，利用的公式是

$$\text{速度更新}: v = n \cdot v_G + (1-n) \cdot v_L$$
$$\text{位置更新}: w_{\langle k+1 \rangle} = w_{(k)} + v \tag{6-16}$$

其中，v_G 表示全局版本；v_L 表示局部版本。

（2）粒子群算法的混合

这个分支主要是将粒子群算法与各种算法相混合，有人将它与模拟退火算法相混合，有些人将它与单纯形方法相混合，但是最多的是将它与遗传算法的混合。根据遗传算法的 3 种不同算子可以生成 3 种不同的混合算法。

粒子群算法与选择算子的结合，这里相混合的思想是：在原来的粒子群算法中，选择粒子群群体的最优值作为 p_g，但是，相结合的版本是根据所有粒子的适应度的大小给每个粒子赋予一个被选中的概率，然后依据概率对这些粒子进行选择，被选中的粒子作为 p_g，其他情况都不变。这样的算法可以在算法运行过程中保持粒子群的多样性，但是收敛速度缓慢。

粒子群算法与杂交算子的结合，结合的思想与遗传算法的基本一样，在算法运行过程中根据适应度的大小，粒子之间可以两两杂交，比如用一个很简单的公式：

$$w_{\text{new}} = n \cdot w_1 + (1-n) \cdot w_2 \tag{6-17}$$

其中，w_1 与 w_2 就是这个新粒子的父辈粒子。这种算法可以在算法的运行过程中引入新的粒子，但是算法一旦陷入局部最优，那么粒子群算法将很难摆脱局部最优。

粒子群算法与变异算子的结合，结合的思想：测试所有粒子与当前最优的距离，当距离小于一定的数值的时候，可以拿出所有粒子的一个百分比（如 10%）的粒子进行随机初始化，让这些粒子重新寻找最优值。

（3）二进制粒子群算法。

最初的 PSO 是从解决连续优化问题发展起来的，Eberhart 等又提出了 PSO 的离散二进制版，用来解决工程实际中的组合优化问题。他们在提出的模型中将粒子的每一维及粒子本身的历史最优、全局最优限制为 1 或 0，而速度不作这种限制。用速度更新位置时，设定一个阈值，当速度高于该阈值时，粒子的位置取 1，否则取 0。二进制 PSO 与遗传算法在形式上很相似，但实验结果显示，在大多数测试函数中，二进制 PSO 比遗传算法速度快，尤其在问题的维数增加时。

（4）协同粒子群算法。

协同 PSO，该方法将粒子的 D 维分到 D 个粒子群中，每个粒子群优化一维向量，评价适应度时将这些分量合并为一个完整的向量。例如第 i 个粒子群，除第 i 个分量外，其他 $D-1$ 个分量都设为最优值，不断用第 i 个粒子群中的粒子替换第 i 个分量，直到得到第 i 维的最优值，其他维相同。为将有联系的分量划分在一个群，可将 D 维向量分配到 m 个粒子群优化，则前 $D \bmod m$ 个粒子群的维数是 D/m 的向上取整。后 $m-(D \bmod m)$ 个粒子群的维数是 D/m 的向下取整。协同 PSO 在某些问题上有更快的收敛速度，但该算法容易被欺骗。

6.2.2 粒子群优化算法研究与应用

首先总结一下 PSO 算法的一些优点：

（1）它是一类不确定算法。不确定性体现了自然界生物的生物机制，并且在求解某些特定问题方面优于确定性算法。

（2）是一类概率型的全局优化算法。非确定算法的优点在于算法能有更多机会求解全局最优解。

（3）不依赖于优化问题本身的严格数学性质。

（4）是一种基于多个智能体的仿生优化算法。粒子群算法中的各个智能体之间通过相互协作来更好地适应环境，表现出与环境交互的能力。

（5）具有本质并行性。包括内在并行性和内含并行性。

（6）具有突出性。粒子群算法总目标的完成是在多个智能体个体行为的运动过程中突现出来的。

（7）具有自组织和进化性以及记忆功能，所有粒子都保存优解的相关知识。

（8）都具有稳健性。稳健性是指在不同条件和环境下算法的实用性和有效性，但是现在粒子群算法的数学理论基础还不够牢固，算法的收敛性还需要讨论。

从中可以看出 PSO 具有很大的发展价值和发展空间，算法能够用于多个领域并创造价值，在群智能算法中具有重要的地位，同时也能够在相关产业创造价值、发挥作用。

计算智能的算法，往往结合大数据平台，包括 GPU 运算、并行计算、HPC、多模式结合等手段，来完成更加复杂多变的业务需求。

下面具体分析 PSO 算法在产业中的作用：

（1）模式识别和图像处理。PSO 算法已在图像分割、图像配准、图像融合、图像识别、图像压缩和图像合成等方面发挥作用。

（2）神经网络训练。PSO 算法可完成人工神经网络中的连接权值的训练、结构设计、学习规则调整、特征选择、连接权值的初始化和规则提取等。但是，速度没有梯度下降优化的好，需要较大的计算资源。

（3）电力系统设计。例如，日本的 Fuji 电力公司的研究人员将电力企业某个著名的 RPVC（reactive power and voltage control）问题简化为函数的最小值问题，并使用改进的 PSO 算法进行优化求解。

（4）半导体器件综合。半导体器件综合是在给定的搜索空间内根据期望得到的器件特性来得到相应的设计参数。

（5）其他相关产业。在自动目标检测、生物信号识别、决策调度、系统识别以及游戏训练等方面得了一定的研究成果。

由于PSO操作简单、收敛速度快，因此在函数优化、图像处理、大地测量等众多领域都得到了广泛的应用．随着应用范围的扩大，PSO算法存在早熟收敛、维数灾难、易于陷入局部极值等问题需要解决，主要有以下几种发展方向：

（1）调整PSO的参数来平衡算法的全局探测和局部开采能力。如Shi和Eberhart对PSO算法的速度项引入了惯性权重，并依据迭代进程及粒子飞行情况对惯性权重进行线性（或非线性）的动态调整，以平衡搜索的全局性和收敛速度。2009年张玮等在对标准粒子群算法位置期望及方差进行稳定性分析的基础上，研究了加速因子对位置期望及方差的影响，得出了一组较好的加速因子取值。

（2）设计不同类型的拓扑结构，改变粒子学习模式，从而提高种群的多样性，Kennedy等人研究了不同的拓扑结构对SPSO性能的影响。针对SPSO存在易早熟收敛，寻优精度不高的缺点，于2003年提出了一种更为明晰的粒子群算法的形式：骨干粒子群算法（bare bones PSO，BBPSO）。

（3）将PSO和其他优化算法（或策略）相结合，形成混合PSO算法。例如，曾毅等将模式搜索算法嵌入到PSO算法中，实现了模式搜索算法的局部搜索能力与PSO算法的全局寻优能力的优势互补。

（4）采用小生境技术。小生境是模拟生态平衡的一种仿生技术，适用于多峰函数和多目标函数的优化问题。例如，在PSO算法中，通过构造小生境拓扑，将种群分成若干子种群，动态地形成相对独立的搜索空间，实现对多个极值区域的同步搜索，从而可以避免算法在求解多峰函数优化问题时出现早熟收敛现象。Parsopoulos提出一种基于“分而治之”思想的多种群PSO算法，其核心思想是将高维的目标函数分解成多个低维函数，然后每个低维的子函数由一个子粒子群进行优化，该算法对高维问题的求解提供了一个较好的思路。

不同的发展方向代表不同的应用领域，有的需要不断进行全局探测，有的需要提高寻优精度，有的需要全局搜索和局部搜索相互之间的平衡，还有的需要对高维问题进行求解。这些方向只有针对不同领域的不同问题求解时选择最合适的方法的区别。

由于粒子群优化算法结构简单、需要调节的参数少、需要的专业知识少、实现方式容易，它一经提出，研究者就开始尝试将它应用于各种自然科学和工程问题中去。如今，它已经被广泛应用于函数优化、多目标优化、求解整数约束和混合整数约束优化问题、神经网络训练、信号处理等实际问题中。

有学者提出了一种新的混沌搜索策略，并将它引入粒子群算法中用于求解非线性整数和混合整数约束规划问题。实验结果表明，新算法大大提高了算法的收敛速度和健壮性；有学者将粒子群算法进行了改进并应用到了人脸识别系统中；有学者用粒子群算法来实现锌电解优化调度；有学者提出了基于协同进化的粒子群算法，建立了相应的惩罚因子算法评价机制，并将它用于求解比较复杂的高维梯级水库短期发电优化调度，实验结果证明了该方法的可行性和高效性，从而为求解此类问题提供了一种新的途径。

有学者将自然界中的自然选择机制引入粒子群算法中，形成基于自然选择的粒子群算法。其核心思想为，当算法更新完所有的粒子后，计算粒子的适应度值并对粒子进行适应度值排序。然后根据排序结果，用粒子群体中最好的一半粒子替换粒子群体中最差的一半粒子，但是保留原来粒子的个体最优位置信息。实验结果表明，自然选择机制的引入增强了粒子的全局寻优能力，提高了解的精度。

有学者提出的基于模拟退火的粒子群算法是将模拟退火机制、杂交算子、高斯变异引入粒子群算法中，以便更好地优化粒子群体。算法的基本流程是：首先，随机初始一组解，通过粒子群算法的公式更新粒子，然后对所有粒子进行杂交运算和高斯变异运算，最后对每个粒子进行模拟退火运算。算法随着迭代的不断进行，温度逐渐下降，接受不良解的概率逐渐减小，从而提高了算法的收敛性。实验结果表明，改进的混合算法不仅保存了标准粒子群算法结构简单、容易实现等优点，而且由于模拟退火的引入，提高了算法的全局搜索能力，加快了算法的收敛速度，大大提高了解的精度。

近 20 年来，国内外学者对 PSO 算法进行了深入的研究。PSO 算法的研究现状是在全局 PSO（ global PSO，GPSO）、局部 PSO（local PSO，LPSO）、综合学习粒子群算法（comprehensive learning PSO，CLPSO）或正交学习粒子群算法（orthogonal learning PSO，OLPSO）算法的基础上进行自适应多策略的探索。所谓多策略是指采用多种策略分别实现保持多样性、避免停滞/ 局部极值、加速收敛和局部搜索等目的，而自适应是指根据算法的演化状态动态地更新算法各策略中用到的关键参数以及恰当地进行策略的调用、转换和设置。自适应多策略的目的是让算法高效地寻找到最优解或者令人满意的次优解。

有学者提出自适应 GPSO 算法，算法基于每个粒子与所有其他粒子之间的距离分布实时地识别出种群的演化状态；然后根据种群的演化状态自适应地更新惰性权重和加速系数以加速收敛；算法利用高斯扰动给全局最佳位置施加适当的动量以帮助避免停滞/ 局部极值。

有学者提出面向中值（median value）的 GPSO 算法，算法对每个粒子 p 采用独立的加速系数；算法在更新 p 的飞行速度时有意将 p 远离种群的中值位置，并且基于 p 的适应度值、种群的最差适应度值和种群的中值适应度值自适应地更新 p 对应的加速系数以实现避免停滞/ 局部极值和加速收敛。

有学者引入衰老机制以实现保持多样性，提出基于衰老领导者（ aging leader）和挑战者（challengers）的 GPSO 算法，算法根据全局最佳适应度、个体最佳适应度以及领导者的适应度值的历史改进情况自适应地分析领导者的领导能力，并且通过均匀变异算子生成挑战者取代不合格的领导者。

有学者提出增广多种自适应方法的 GPSO 算法，算法将非均匀变异和自适应次梯度（ subgradient）法轮换作用于全局最佳位置，非均匀变异有助于保持多样性，而自适应次梯度法有助于局部搜索。算法在某个随机选择的粒子上进行柯西变异操作，由于变异会阻碍种群的收敛，算法针对每个粒子采用不同的惰性权重和加速系数，并且将参数控制定义成最小化各粒子与全局最佳位置之间的距离之和以自适应地设置参数实现加速收敛。

有学者基于灰色相关分析（ grey relational analysis）计算每个粒子与全局最佳位置之间的

距离分布情况，并且根据该计算结果在 GPSO 算法中自适应地更新惰性权重和加速系数。

有学者提出自适应变异 GPSO 算法，在算法中，柯西、利维和高斯 3 种变异算子具有独立的选择概率；柯西和利维变异比高斯变异的变异尺度更大，适用于保持多样性，而高斯变异可用于帮助局部搜索；每种变异算子的选择概率根据对应算子的成功概率自适应地进行设置。

有学者提出自适应时变拓扑连接度（connectivity）LPSO 算法，算法根据每个粒子 p 对全局最佳适应度的历史贡献情况和 p 的拓扑连接度陷入阈值的历史情况自适应地改变 p 在社交拓扑中的连接度；算法通过邻域搜索技术帮助个体最佳适应度值在当前迭代步停止改进的粒子避免停滞。

有学者提出在收缩空间中进行禁忌检测和局部搜索的 GPSO 算法，算法将搜索空间的各维 d 分割成 7 块大小相同的子区域；算法每隔若干次连续迭代步根据所有粒子的个体最佳适应度排序和每个粒子的个体最佳位置在各维 d 上的子区域分布计算维 d 上各子区域的“优秀”程度；在维 d 上，算法根据 G_{best_d} 所属的子区域的优秀程度恰当地从其他子区域中随机生成一个可能的替代值帮助避免局部极值；算法当全局最佳位置在维 d 上落入某个子区域内足够长的连续迭代步后，会将维 d 上的搜索空间缩小到 G_{best_d} 所属的子区域以加速收敛；此外，算法通过差分学习策略实现局部搜索。

有学者提出基于燕八哥（starling）集合响应机制的 GPSO 算法，算法当全局最佳适应度停滞改进一定的连续迭代步时对每个粒子 p 根据 p 的 7 个最近邻进行飞行轨迹的更新以帮助实现避免停滞/局部极值。

有学者提出所谓的多策略自适应 GPSO 算法，算法将种群的最差适应度值和种群的最佳适应度值所构成的区间分割成多个大小相同的子区间，计算所有粒子落入每个适应度子区间的概率，并且通过熵值法得出种群的适应度多样性指标，根据该指标自适应地更新惰性权重；算法在全局最佳位置和靠近全局最佳位置的其他粒子上实施变异操作。

有学者提出改进的 GPSO 和人工蜂群融合算法，算法对于粒子群采用改进的反向学习策略，以增强种群的多样性；蜂群中的跟随蜂根据个体停滞次数自适应地改变进化策略；同时，算法交替共享两个种群的全局最优位置，通过相互引导获得更好的寻优能力。

有学者提出自适应子空间高斯学习 LPSO 算法，算法基于适应值离散度和子空间高斯学习自适应地调整参数和搜索策略，帮助粒子逃离局部最优；此外，算法动态构建每个粒子 p 的领域以增强种群的多样性。

有学者将人工蜂群算法的保持多样性机制引入别人提出的自适应 GPSO 算法。

有学者提出十字形（crisscross）GPSO 算法，算法通过纵向交叉（crossover）算子增强种群的多样性和横向交叉算子加速收敛。有人在 GPSO 算法中根据每个粒子 p 的适应度在当前迭代步的改进情况和 P_{os_p} 在搜索空间各维 d 上与 P_{best_p} 之间的距离自适应地设置 p 在各维 d 上使用的独立惰性权重和加速系数以实现加速收敛。

在 CLPSO 算法中，每个粒子 p 对应的学习概率控制 p 的探测（exploration）/开采（exploitation）搜索能力。有人提出基于历史学习的自适应 CLPSO 算法，每隔若干次连续迭代步 T，算法根据过去采样时段 T 中种群的历史最佳学习概率值（即实现了个体最佳位置的最大改进）通过高斯分布自适应地调整每个粒子的学习概率。

有学者提出结合模因（memetic）方案的 CLPSO 算法，模因方案通过混沌（chaotic）局部搜索算子让在连续多次迭代步都无法改进个体最佳适应度的粒子避免停滞并且通过模拟退火方法对个体最佳适应度在连续多次迭代步持续改进并且个体最佳位置是全局最佳位置的粒子进行细粒度的局部搜索。

有学者在 CLPSO 算法中，根据当前迭代适应度改进粒子数的相对比率自适应地设置惰性权重，此外根据所有粒子在当前迭代步适应度改变值相对于空间位置改变值的比率之和自适应地设置加速系数。

有学者提出免疫（immune）OLPSO 算法，算法通过引入免疫机制以进一步增强种群的多样性。

有学者提出基于优秀解（superior solution）引导的 CLPSO 算法，在算法中，优秀解集不仅包括每个粒子的个体最佳位置，也包括其他适应度较好的历史经验位置；算法利用非均匀变异实现避免停滞/局部极值以及通过局部搜索技术（如 BFGS 拟牛顿法、DFP 拟牛顿法、模式搜索法和 NM 纯流形法）提高解的精度；算法在两个条件同时满足时才激活每个粒子 p 上的变异操作，第一个条件是 p 的个体最佳适应度是否停滞改进了一定的连续迭代步，而第二个条件是 p 在当前迭代步的空间位置与以前若干次迭代步的空间位置之间的平均距离是否小于一个阈值。

有学者提出增强（enhanced）CLPSO 算法：算法构建了所谓的“规范”（normative）界限，即所有粒子的个体最佳位置在搜索空间各维上的下界和上界；算法认为当某维的规范界限足够小（即小于搜索空间在该维上区间的 1% 和绝对值 2）时，该维处于开采搜索阶段（即已经定位到最优解在该维所处的可能子区域，可以将搜索集中到该子区域以改进解的精度），反之该维仍处于探测搜索阶段（即仍在搜索该维上的不同子区域）；算法根据所有粒子的个体最佳适应度值的排序和进入开采搜索阶段的维数自适应地更新各粒子的学习概率；此外，算法通过高斯扰动对进入搜索阶段的各维进行局部搜索。

有学者提出异构（heterogeneous）CLPSO 算法，整个种群被划分成两个子种群，分别专注于探测搜索和开采搜索。

有学者提出多策略 OLPSO 算法，算法基于正交设计和 4 种辅助策略生成适当的范本位置以帮助实现保持多样性、避免停滞/局部极值、加速收敛和局部搜索；此外，算法在全局最佳位置上实施变异以增强全局搜索能力。

PSO 算法涉及种群、粒子、维、飞行速度、空间位置和适应度。PSO 算法通过多个粒子组成的种群实现对搜索空间的并行搜索，从而具备较强的全局搜索能力。粒子之间的距离分布情况，有人计算的每个粒子与其他所有粒子之间的平均距离以及计算的每个粒子与全局最佳位置之间的距离，能够反映种群的搜索状态。一般而言，当粒子之间距离分布较分散时，种群处于探测搜索状态；而当粒子之间距离分别较集中时，种群处于开采搜索状态。种群在搜索空间中的位置分布多样性往往也会导致种群在适应度上的取值多样性。粒子适应度的历史改进情况有助于判断粒子是否陷入停滞/局部极值。

有学者指出 PSO 算法在搜索空间各维上的搜索进度往往不一致，对 PSO 算法的种群/粒子在各维上使用统一的策略和参数可能会在某些维上影响搜索效率。因此，有必要结合种群/粒子在维和更小尺度上的搜索经验知识，即基于种群/粒子在各维和更小尺度上的距离分布情况和各粒子适应度分布和历史改进情况进行自适应多策略的研究。但是，研究种群在各维 d 和更小尺度上的距离分布情况不能只是已有文献研究工作的简单延展，如计算每个粒子与其他所有粒子之间在维 d 上的平均距离、每个粒子与全局最佳位置之间在维 d 上的距离或每个粒子与个体最佳位置在维 d 上的距离依次自适应地设置惰性权重和加速系数等参数，有人计算所有粒子的个体最佳位置在各维 d 的上界和下界依次快速判断种群在维 d 上的搜索状态和计算已进入开采搜索阶段的维数依次自适应地更新最大学习概率，有人将各维 d 分成多块相同大小的子区域，根据全局最佳位置和每个粒子的个体最佳位置在维 d 上各子区域的分布实施禁忌检测和收缩那样进行更为深入的研究。

在 PSO 算法中，每个粒子 p 在各维 d 根据当前飞行速度、当前空间位置和单个或多个范本位置的线性组合更新飞行轨迹。在运行初期，算法需要通过选择合适的范本位置将种群中的粒子引导到搜索空间不同的区域进行探索以定位最优解可能处于的希望区域。

CLPSO 算法和 OLPSO 算法鼓励粒子在进行飞行轨迹的更新时在不同的维上向不同的范本学习。在一些学者的研究中，每个粒子向某一范本向量学习一定的连续迭代步，当种群/粒子的适应度历史改进情况不够理想时会重新确定范本向量。有学者建议粒子在更新飞行轨迹时不应该只考虑自身和其他粒子的个体最佳位置，也应该参考其他位置经验信息。若粒子陷入停滞/局部极值，可以通过实施变异、扰动、重新初始化或混沌搜索将粒子引导到搜索空间的其他区域。变异和扰动算子也可以用于实现局部搜索。有些学者展开的研究工作在探测搜索阶段仅仅基于种群/粒子的适应度情况选择范本，没有考虑到范本的作用是为了将种群中的粒子引导到搜索空间不同的区域进行探索。有些学者展开的研究工作仅仅在种群/粒子的适应度历史改进情况不够理想时会重新确定范本向量。

未来需要研究如何根据种群/粒子在更小尺度的距离分布情况和各粒子的适应度分布以及历史改进情况进行范本的选择和更新以及变异、扰动、重新初始化或混沌搜索策略帮助实现避免停滞/局部极值。

6.3 蚁群算法

蚂蚁群体，或者是具有更普遍含义的群居昆虫群体，都可以被认为是一个分布式系统。虽然系统中的个体都比较简单，但是整个系统却呈现出一种结构高度化的群体组织。正是这些组织的存在，蚂蚁群体才能完成一些远远超出单只蚂蚁能力的复杂工作。在蚂蚁算法的研究中，它的模型源于对真实蚂蚁行为的观测，此模型对于各种优化问题、分布控制问题和对新类型的算法研究都有一定的启发。研究者旨在通过学习真实蚂蚁高度协作的自组织原理（self - organizing principle）行为，来实现一群人工 agent 协作解决一些 NP 难问题。蚁群在某些不同方面的行为特性已经启发了研究者建立若干种模型，比如觅食行为、劳动分配、孵化分类和协作运输。

然而，很多种类的蚂蚁所具有的视觉感知系统都是发育不全的，甚至有些蚂蚁是没有视觉的。实际上，关于蚂蚁早先的研究表明，群体中的个体与个体之间以及个体与环境之间传递信息大部分是依靠蚂蚁产生的化学物质进行的，蚂蚁通过“介质”来协调它们的活动。比如，一个正在寻找食物的蚂蚁在经过的地面上释放一种化学物质，其目的就是增大其他蚂蚁走同一条路的概率。人们把这些化学物质称为信息素（pheromone）。对于某些蚂蚁来说，在它们的群居生活中，最重要的是路径信息素的使用，标记地面的路径，比如从食物源到蚁穴之间的路径等。蚂蚁系统正是以此观点作为依托，以一种人工媒介的形式来调节个体之间的协同，从而实现一种优化的功能。

6.3.1　蚁群算法的生物基础

目前，已经有学者对某些种类的蚂蚁通过信息素浓度选择路径的行为进行过可监控的实验。其中一种最为巧妙的实验由 Deneubourg 以及同事设计和完成。他们使用一个双桥来连接蚂蚁的蚁穴和食物源，并在实验的过程中测试了一组不同长度比例的两条路径：$r=l_1/l_2$，其中 r 是双桥上两个分支之间的长度比。

在第一个实验中，桥上的两个分支的长度是相同的（$r=1$），如图 6－7（a）所示。开始的时候，蚂蚁可以自由地在蚁穴和食物源之间来回移动，实验的目的就是观察蚂蚁随时间选择两条分支中某一条的百分比。实验的最终结果显示，尽管最初蚂蚁随机选择某一条分支，但是最后所有蚂蚁都会选择同一分支，这个实验结果可以用以下的方法进行解释。

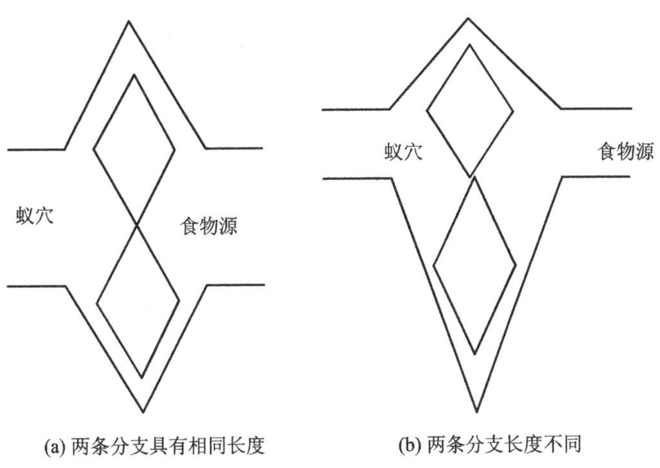

(a) 两条分支具有相同长度　　(b) 两条分支长度不同

图 6－7　双桥实验

由于刚开始两条分支都不存在信息素，因此，蚂蚁对这两条分支的选择就不存在任何偏向性，以大致相同的概率在这两条路径之间选择。然而，由于波动的出现，选择某一条分支的蚂蚁的数量可能会比另外一条多。正是因为蚂蚁在移动的过程中会释放信息素，那么当有更多的蚂蚁选择某条分支时会导致这条分支上的信息素总量比另一条多，而更多浓度的信息素将会促进更多的蚂蚁再次选择这一条分支，这个过程一直进行，直到最后所有蚂蚁都集中到某一条分支上。这就是自我催化或者称为正反馈的过程，实际上就是蚂蚁实现自组织行为的一个例子。

在第二个实验中，如图 6-7（b）所示。两条分支的长度比例设定为$r=2$，因此较长的那条分支的长度是较短的那条的 2 倍。在这种设置条件下，大部分实验结果显示，经过一段时间后所有的蚂蚁都会选择较短的那条分支。与第一个实验一样，蚂蚁离开蚁穴探索环境，它们会达到一个决策点，在这里它们需要在两条分支之间做出选择。一开始，对蚂蚁来说两条分支都是一样的，因为它们会随机选择两条中的一条。正因为这样，有时会由于一些随机摆动而使得某一些分支比另一条分支上的蚂蚁数量多，但平均而言，仍然期望会有一半的蚂蚁选择较短的分支，而另外一半选择较长的分支。

然而，此实验采取了一个与先前的实验完全不同的设置：由于一条比另外一条分支短，选择了较短分支的那些蚂蚁会首先达到食物源，并返回它们的巢穴。当返回的蚂蚁需要再次在短分支和长分支之间做出选择时，短分支的高浓度信息素将会影响蚂蚁的决定。正因为短分支上的信息素积累速度要比长分支快，根据先前提到的自身催化过程，最终所有的蚂蚁都会选择较短的那条分支。

与两条分支长度相同的实验对比，在本实验中初始随机波动的影响大大减少，起作用的主要是媒介质，自身催化和差异路径长度等机制。据观察，虽然较长的分支是短分支长度的两倍，但是，并不是所有的蚂蚁都会使用较短的分支，相反有很小比例蚂蚁会选择较长的路径。

Dorigo 便是受到上述实验的启发，提出了非常著名的蚁群算法。他充分利用蚂蚁的生物特性，将其转化为复杂的数学模型，实现了对多种 NP 难问题的优化。

6.3.2 旅行商问题

旅行商问题（traveling salesman problem，TSP）：直观地说，就是商人在经商过程中遇到的问题，商人从自己所在的城市出发，希望找到一条既能经过给定顾客所在的城市，又能在回家前访问每一个城市一次的最短路径。TSP 问题可以用一个带权完全图$G=(N,A)$来表示，其中N是带有$n=|N|$个点（城市）的集合，A是完全连接这些点的集合（如果该图不是一个完全图，那么可以向该图添加边直到得到一个完全图，并且两者的最优解是相同的。这只需要向所有附加的边赋予一个足够大的权值以保证它们不会出现在任何优化解中就可以做到）。每一条边$(i,j)\in A$都分配一个权值（长度），d_{ij}代表城市i和城市j之间的距离大小。在非对称 TSP 中，一对节点i、j之间的距离与该边的方向有关，也就是说，至少存在一条边(i,j)，有$d_{ij}\neq d_{ji}$。在对称 TSP 中，集合A中所有边都必须要满足$d_{ij}=d_{ji}$。TSP 的目标就是寻找图中一条具有最小成本的汉密尔顿回路，这里的汉密尔顿回路是指一条访问图G（G含有$n=|N|$个节点）中的每一个节点一次且仅有一次的闭合路径。这样，TSP 的一个最优解就对应节点标号为$\{1,2,\cdots,n\}$的一个排列x，并且使得长度$f(x)$最小。$f(x)$的定义为

$$f(x)=\sum_{i=1}^{n-1}d_{x(i)x(i+1)}+d_{x(n)x(1)} \tag{6-18}$$

6.3.3　基于 TSP 问题的蚂蚁系统（AS）

1991 年，M. Dorigo 受到蚂蚁觅食行为的启发，提出了蚂蚁系统（ant system，AS）并运用于解决 TSP 问题。AS 算法模拟了自然界中蚂蚁之间通过信息素的交流方式，比如信息素的释放与信息素的挥发：增强了 AS 算法的正反馈性能，最优解上会被释放更多的信息素，同时其他解的路径上信息素会随着迭代次数的增加而缓慢挥发。由于蚂蚁更倾向于信息素浓度高的路径，故该路径被选择的概率也会增大，这种此消彼长的方式极大加快了算法收敛速度，提高算法收敛性；禁忌表的加入使蚂蚁无法经过已经通过的城市或者节点，避免算法产生不必要的时间复杂度，提高算法在 TSP 问题等 NP 难问题中的求解效率。

1. 启发式信息

启发式搜索又称有信息搜索，它利用所求问题当中的启发信息，引导算法进行搜索并构造解，从而达到缩小算法搜索范围、降低整个问题复杂度的目的。启发式信息在不同的算法、不同的问题中是不同的。这里以旅行商问题（TSP）为例，旅行商需要从一个城市出发，遍历所有的节点城市，找到一条最短路径并回到起点，形成一条闭合的回路。从 TSP 问题的特点可以看出，要想选择一条最短的路径，在每一次节点选择的时候，为了降低算法的复杂度，就需要加入贪婪原则作为启发式信息。故 TSP 问题的启发式信息便是每个城市之间的距离。当城市之间距离相对较大，则被选择的概率较小；距离相隔较小的城市被选择的概率较大。

启发式根据式(6－19)

$$\eta_{ij}=1/d_{ij} \tag{6-19}$$

式中，η_{ij} 表示城市 i 到城市 j 的启发式信息；d_{ij} 表示两城市之间的直线距离。从式(6－19)可以看出，随着城市之间距离变大，启发式的值就会越小，即蚂蚁在城市 i 时，选择 j 城市作为下一选择的概率就会相对小。启发式信息作为一种前置先验信息，在算法的前中后期保持不变。启发式信息在算法的前期可以引导蚂蚁快速构建出相对较好的解，同时提高了算法的收敛速度。

2. 路径构造算子

结合启发式信息，M. Dorigo 将信息素因子与启发式信息结合，引入到城市的选择环节中：

$$P_{ij}=\begin{cases}\dfrac{\tau_{ij}^{\alpha}\eta_{ij}^{\beta}}{\sum\limits_{k\in \text{alloewed}_k}\tau_{ik}^{\alpha}\eta_{ik}^{\beta}},当\ j\in \text{allowed}_k\\[2ex] 0, \qquad\qquad 其他\end{cases} \tag{6-20}$$

式中，P_{ij} 表示城市 i 到城市 j 的转移概率；τ_{ij} 代表了从城市 i 到城市 j 的信息素浓度；η_{ij} 则是城市之间的启发式信息；allowed_k 是蚂蚁在 i 城市时可供选择的城市集（在 TSP 问题中，城市只可被访问一次，allowed 为还没有被访问的城市）；α 和 β 分别指代信息素和启发式的影响程度。如果 $\beta=0$，即启发式为 0 时，只有信息素发挥作用，会让算法收敛速度很慢，解也十分不好；当 $\alpha=0$，即没有信息素的导向作用，会让整个蚁群算法成为一种贪心算法，算法易陷入局部最优而无法跳出。

由于每次蚂蚁发现较优解的时候，会释放信息素从而引导其他蚂蚁进行路径选择，但是在算法的初始阶段，每个城市之间信息素浓度差距较小且浓度较低的情况下，启发式的信息所在的权重就会变相增加，距离较近的城市被选择的概率就会增大；当算法进入中后期，随着城市之间信息素浓度的不断增加，启发式的信息所占的权重就会降低。

3. 三种信息素更新方式

AS中，蚂蚁经过的路径会进行信息素的更新，如式(6－21)～式(6－23)所示。在AS算法中，每只蚂蚁经过的路径都会释放信息素。故信息素更新时，每只蚂蚁经过的路径都会进行更新，从而影响其他蚂蚁和下一次迭代蚂蚁的路径选择。

AS算法这种信息素更新方式可以称为局部信息素更新。它体现了所有蚂蚁对路径构建的作用，每只蚂蚁的路径选择后都影响下一次迭代蚂蚁的城市选择，只有被蚂蚁经过的路径上才会增加信息素，从而使这些路径被选择的概率增大。

$$\tau_{ij}=(1-\rho)\tau_{ij}+\Delta\tau_{ij} \tag{6-21}$$

$$\Delta\tau_{ij}=\sum_{k=1}^{m}\Delta\tau_{ij}^{k} \tag{6-22}$$

$$\Delta\tau_{ij}^{k}=\begin{cases}Q/L_k,\text{当}(i,j)\in\text{禁忌表中的路径}\\0,\quad\text{其他}\end{cases} \tag{6-23}$$

式中，ρ表示信息素蒸发率；$\Delta\tau$代表了城市之间信息素增量，当被蚂蚁经过时，其值计算方式如式(6－22)和式(6－23)所示，当该路径没有被蚂蚁选择经过时，$\Delta\tau$等于0；L_k代表一只蚂蚁遍历所有城市所形成的一个环形的总距离。除上述信息素更新方式外，还存在两种信息素增量更新的方式，如式(6－24)和式(6－25)所示。

$$\Delta\tau=Q \tag{6-24}$$

$$\Delta\tau=Q/d_{ij} \tag{6-25}$$

$$\Delta\tau=Q/L_k \tag{6-26}$$

式中，Q为信息素强度；d_{ij}为城市i到城市j之间的距离；L_k为每只蚂蚁完成一次巡游后的路径长度。由公式之间的参数关系可知，式(6－24)与式(6－25)都是使用局部信息素更新，但是式(6－24)突出一种“平等”的思想，即所有的路径都以相同浓度进行信息素更新；式(6－25)通过不同城市间的路径长度的差异，使蚂蚁释放的信息素与城市之间距离形成一定的线性关系，即距离越近，信息素增量越大，这其中有贪心法则的思想，增加相对较短的城市被选择的概率。

式(6－26)使用全局信息进行信息素更新，每只蚂蚁完成一次巡游以后，在其巡游的路径上增加相同数量的信息素，所以，蚂蚁找到的路径越短，信息素增量就会越多。通过实验与理论分析可以证明，第三种的更新方式所构造的解最优。故在本章中AS算法的信息素更新方式都是式(6－26)。

4. 算法的停滞行为

然而，通过式(6－26)释放信息素同样有一个比较严重的问题。在AS中，蚂蚁经过的路径会释放信息素，使得该路径上的信息素稳定增加，但是信息素挥发却发生在所有路径之上。由于信息素释放数量大于挥发数量，这就造成了蚂蚁经过的路径上的信息素会逐渐增多，而那些没有被经过的路径上的信息素会越来越少，到后期后，所有蚂蚁遍历的路径会逐渐收敛到某一路径。在这种情况下，蚂蚁选择其他路径的概率接近为 0，这就是算法的停滞行为。

6.3.4 基于 TSP 的蚁群系统（ACS）

为了解决 AS 易于陷入局部最优以及停滞的问题，Dorigo 在其基础上又提出蚁群系统（ant colony system，ACS），它成为蚁群算法当中改进效果最好的算法之一，给研究人员很大的启迪，给整个蚁群算法带来了深远的影响。

1. 路径构造函数

ACS 中通过式(6－27) 进行路径构建：

$$s=\begin{cases}\operatorname{argmax}_{\mu\in \text{allowed}_k}\{[\tau_{i\mu}\cdot\eta_{i\mu}^{\beta}], & \text{当 } q\leqslant q_0\\ S, & \text{其他}\end{cases}\tag{6-27}$$

式中，s 为将要被选择的下一城市节点；S 为通过 AS 算法中式(6－20) 的方式进行解的构建；q 为由算法随机生成的数；q_0 为一个定常数，且 $q_0\in[0，1]$；allowed_k 为可选的城市集，即还没有被经过的城市集。

由式(6－27) 可以看出，当随机数 q 小于算法设定的定常数 q_0 时，蚂蚁会将城市之间信息素浓度与启发式因素综合起来考虑，选择结果最大的城市，否则就按照 AS 算法中的轮盘赌策略式(6－20) 进行下一城市选择。多种路径构建方式的引入提高了 ACS 路径选择的可能性，增加了算法的多样性；同时参数 q_0 可以用来制约两种构建方式，使蚂蚁可以按照先验信息行动，增加算法多样性；也可以跳出当前多种信息的制约，探索之前可能没有经过的路径，增加整个算法构造解的广度。由此可以得出，q_0 的值设定可以平衡整个算法的多样性与收敛性，q_0 越小，收敛性会逐渐减弱，同时多样性越好。

2. 局部信息素更新

鉴于 AS 算法中多样性比较差的缺陷，ACS 同时引入局部信息素更新策略，用于制约与平衡全局信息素更新策略，增加非最优路径的被选择概率。蚂蚁每走一步就会对信息素实时更新，所经过路径上的信息素将依照式(6－28) 进行改变。

$$\tau_{ij}=(1-\partial)\cdot\tau_{ij}+\partial\cdot\tau_0\tag{6-28}$$

式中，∂ 表示局部信息素挥发率；τ_0 代表初始信息素量，值为 $1/(n\cdot L_{nn})$。L_{nn} 根据贪婪法则（每次进行下一节点选择时，选择最近的城市点）得到的路径长度，而 n 则是当前测试集的城市数。由此可知，在初始阶段 τ_0 是个远小于 $\Delta\tau_{ij}$ 的值，它们之间至少有 n 倍的差距。

这里将两种信息素更新方式相结合，从公式来进行分析，当算法刚开始进行第一次迭代，此时 $\tau_{ij}=\tau_0$，$\Delta\tau_{ij}=1/L_{gb}$，L_{gb} 为第一次迭代得到的最优路径长度，将式(6－28) 展开，公式变成 $\tau_{ij}=\tau_{ij}-\rho(\tau_0-\Delta\tau_{ij})$，由于 $\tau_0<\Delta\tau_{ij}$，可以看出第一次迭代以后最优路径上信息素 τ_{ij} 明显增加，依此类推可得出，以后每一次迭代，当前最优解路径上的信息素都会增加，且在前期，增加更加明显；同理，根据式(6－28)，局部信息素更新则是减少信息素浓度的过程，

由于全局信息素更新增加当前最优解的信息素，所以蚂蚁选择它们的概率较大，然而经过它们的次数就越多，局部信息素更新就会将当前最优解上的信息素一次次地降低，越到后期，减少越明显。它使得全局最优路径上的信息素不至于积累过多，减少算法停滞的可能性。

局部信息素更新保证了算法的多样性，它结合了全局信息素更新策略，平衡整个算法的多样性以及收敛性，改善了 AS 在算法后期容易停滞的问题。

3. 全局信息素更新

除了两种路径构建的方式外，ACS 同样修改了信息素的更新方式，将信息素更新分为两种：全局信息素更新和局部信息素更新，用来强调当前最优路径和非最优路径的区别，提高算法的整体收敛性。

在 ACS 中，全局信息素的更新方式如式(6-29) 和式(6-30) 所示。

$$\tau_{ij}=(1-\rho)\cdot\tau_{ij}+\rho\cdot\Delta\tau_{ij} \tag{6-29}$$

$$\Delta\tau_{ij}=1/L_{gb}, \text{当}(i,j)\in\text{全局最优路径} \tag{6-30}$$

式中，ρ 为全局信息素挥发率；$\Delta\tau_{ij}$ 为每次迭代信息素增量；L_{gb} 为当前最优路径长度。ACS 的全局信息素更新策略，即在最优路径释放信息素，使全局最优解对以后的路径构建成正反馈作用，增加整个算法的收敛速度。

在当前迭代中的所有蚂蚁都完成一次巡游并构造好路径以后，便进行全局信息素更新。比较每一只蚂蚁所构建的路径长度，找出最优路径，对该路径进行信息素更新。

全局信息素更新策略当中，使用当代最优解还是当前最优解更新信息素存在一定差异。当代最优解为此次迭代中蚂蚁找出的最优解，可以理解为某一个时刻；当前最优解表示从算法开始到此次迭代中蚂蚁所找到的最优解，可以理解为一段时间。通过实验分析，发现这两种更新方式对解的结果影响很小，但是考虑到算法的全局影响力，选择当前全局最优用于更新信息素更具有说服力同时能说明信息素的持续引导力。这使当前最优路径上的信息素得到加强，并对下一代迭代产生影响，提高整个算法的收敛性。算法会对当前最优路径上的信息素持续更新，直到找到一条更优路径。

6.3.5 最大最小蚂蚁系统（MMAS）

2000 年，Stützle 等人在蚁群算法的基础上提出 MAX-MIN ant system（MMAS），在解决 TSP 和 QAP 等组合优化问题上，MMAS 都有着很好的结果。它主要特点有 3 个：(1) 算法的每次迭代中只对当代最优解进行信息素更新；(2) 限定每条路径上信息素的阈值，避免因为某条路径上信息素远大于其他路径的坏情况发生；(3) 当算法陷入局部最优后信息素初始化。

1. 信息素更新策略

与上文介绍的 ACS 和 AS 不同，MMAS 每次迭代中都仅对一条路径进行信息素更新：当所有蚂蚁遍历完所有城市之后，通过长度比较找出当代最优解，在当代最优路径上更新信息素。更新过程如式(6-31) 所示。

$$\tau_{ij}=(1-\rho)\cdot\tau_{ij}+\Delta\tau_{ij}^{\text{best}} \tag{6-31}$$

式中，ρ 为蒸发率；τ_{ij} 为城市 i 到城市 j 的路径上的信息素；$\Delta\tau_{ij}^{best}$ 是根据最优路径得到的信息素增量。$\Delta\tau_{ij}^{best}$ 是信息素增量，由式（6－32）计算得到。

$$\Delta\tau_{ij}^{best}=\begin{cases}1/L_{gb}, \text{当选择当代最优路径} \\ 1/L_{ib}, \text{当选择当代最优路径}\end{cases} \tag{6-32}$$

式中，L_{gb} 为当前最优解的路径长度；L_{ib} 为当代最优解的路径长度。

选择当前和当代最优解两种相结合的方式，使得算法具有更好的多样性。每一次迭代中，当代最优路径很大可能是不一样的，它会随着迭代次数的变化而变化；而当前最优路径可能会一直保持到更优路径出现。所以，使用当前迭代最优路径进行信息素更新，可以使得更多的路径的信息素得到改变，从而提高算法的多样性；同时与当前全局最优路径相结合来更新信息素，会使得最优路径上的信息素持续增加，加快算法的收敛速度。

可以将两种最优路径进行信息素的更新方式放在算法不同的时期，使其整个算法的多样性和收敛性得到平衡。大量实验证明，这种动态混合策略效果最好。在算法前中期，当前迭代最优路径保证算法前期多样性；在后期，当前全局最优路径提高算法收敛速度。

2. 信息素的限制

ACS 通过将两种信息素的更新方式相结合，隐性限定了每条路径的信息素的上下限，而 MMAS 直接控制信息素的最大值和最小值：上限为 τ_{max}，下限是 τ_{min}，如式(6－33）所示。在信息素更新之后，会进行一次判断，判断更新后的信息素值有没有超过上下限。

$$\tau=\begin{cases}\tau_{max}, \text{当 } \tau>\tau_{max} \\ \tau_{min}, \text{当 } \tau<\tau_{min} \\ \tau, \quad \text{其他}\end{cases} \tag{6-33}$$

式中，τ 为信息素大小。

上下限的阈值使得 MMAS 具有非常好的多样性，只要 τ_{min} 大于 0，所有的路径就有可能被选择，同时，如果 τ_{max} 设置得合理，就不会出现只选择某一路径的情况发生。MMAS 上下限的确定可以 3 步：(1) 根据 $\tau_{max}=\sum_{i=1}^{t}\rho^{t-i}\dfrac{1}{L_{gb}}+\rho\tau_{ij}$，确定信息素上限 τ_{max}，式中，ρ 为信息素挥发率，L_{bg} 为当前最优解，由于 $\rho<1$，最后将收敛为 $\tau_{max}=1/[(1-\rho)\cdot L_{gb}]$，由此可得 τ_{max} 是一个动态的变量，随着当前最优解的变化而变化；(2) 假设算法陷入停滞时，种群能够构造当前最优解的概率 p_{best}，实验结果表明 $p_{best}=0.05$ 时，算法可取得不错的结果；(3) 通过 τ_{max} 和 p_{best}，计算信息素的下限 τ_{min}，如式(6－34) 所示。

$$\tau_{min}=\frac{\tau_{max}\cdot(1-\sqrt[n]{p_{best}})}{(\text{avg}-1)\cdot\sqrt[n]{p_{best}}} \tag{6-34}$$

式中，$\text{avg}=\dfrac{n}{2}$，n 为测试集城市数。

由此可见，MMAS 中的信息素上下阈值都是自适应变化的，它们会随着算法最优解的优化而变化。信息素阈值的存在使算法的性能得到大大的提升，下限保证了算法的多样性，使所有路径上的信息素皆大于 0，每条路径都有概率被选择；上限使所有路径上的信息素能维持在一定的范围内，保证最优路径上信息素不会积累太多，同时先前经验加快算法的收敛速度。

3. 信息素的重新初始化

在使用信息素上下限的同时，为进一步保证算法的信息素的正反馈作用不会给算法带来负面影响，Stützle 提出一种信息素重新初始化的方法，减少算法停滞、陷入局部最优的概率。MMAS 中，有两种信息素初始化操作的方法，其中一种是信息素路径光滑处理（pheromone trail smoothing，PTS）。

当算法判断为停滞时，可根据式(6-35）进行信息素路径的光滑处理。

$$\tau_{ij}=\tau_{ij}+\lambda(\tau_{\max}-\tau_{ij}) \tag{6-35}$$

式中，$0<\lambda<1$ 且是个常数。PTS 能提高选择信息素较低路径的可能性，提升算法多样性。根据式(6-35）可知，当 $\lambda=1$ 时，改变所有路径上信息素大小，使信息素被重置为当前最大阈值；当 $\lambda=0$ 时，信息素不变。在这之间，这样的重新初始化操作既没有完全丢弃先前积累的经验，又提高了算法的多样性，这种操作称为信息素比例更新（proportional update)。

4. 精英蚂蚁系统

蚁群算法创始人 Dorigo 在 AS 的论文中也提出了精英蚂蚁系统（elitist ant system，EAS）算法。EAS 和 AS 只在信息素更新方式上不同，每一次迭代中全局最优（从第一代到当前这一代的最优）蚂蚁所经过的路径，获得额外的信息素更新，相当于好几只蚂蚁经过了此最优路径并释放了信息素。这加强了全局最优蚂蚁对后续蚂蚁的影响，使后面的蚂蚁在全局最优路径及其附近的路径上的选择概率增加，在当前最优的路径上进一步的开发，提高了算法的收敛速度。

除了和 AS 相同的信息素更新方式外，EAS 还根据式(6-36）进行信息素更新：

$$\tau_{ij}=\tau_{ij}+e\cdot Q/L^{*} \tag{6-36}$$

式中，e 表示精英蚂蚁的个数；L^{*} 是当前最优解的总长度；i、j 是当前最优路径上的边。实际上这和遗传算法中保留最优解的方式类似，但是遗传算法中解直接对后代造成影响，而蚁群优化算法中需要依靠信息素来发挥作用。

实验结果证明，精英策略能在一定程度上提升算法的性能，尤其是收敛速度。

5. 排序蚂蚁系统

精英蚂蚁对应路径上信息素的增加，降低了后续蚂蚁求解的多样性。单纯的精英算法牺牲了算法的多样性来提升收敛速度。其潜在的缺陷和遗传算法中保留最优个体的行为类似，造成算法的早熟，使得某一条路径上的信息素急剧增加，从而严重影响了后续蚂蚁求解的多样性。

联系到遗传算法中对个体适应度排序并进行选择的策略，B. Bullnheimer 等提出了基于排序的精英蚂蚁算法（rank based ant system)，它只更新一定量较优蚂蚁路径上的信息素。此算法改进后的信息素更新策略按照式(6-37）进行。

$$\tau_{ij}=(1-\rho)\cdot\tau_{ij}+\Delta\tau_{ij}+\Delta\tau_{ij}^{*} \tag{6-37}$$

式中，$\Delta\tau_{ij}^{*}$ 代表最优蚂蚁得到的信息素增量；$\Delta\tau ij$ 代表较优蚂蚁得到的信息素增量，分别根据下式计算，其他和 AS 算法一样。

$$\Delta\tau_{ij}^{*}=\sigma\frac{Q}{L^{*}}, \text{当节点 } ij \text{ 连线属于当前最优路径} \tag{6-38}$$

$$\Delta\tau_{ij}=(\sigma-\mu)\frac{Q}{L_{\mu}}, \text{当节点 } ij \text{ 连线属于 } \mu \text{ 只较优蚂蚁路径} \tag{6-39}$$

式中，σ 是一个常数，是预设的较优蚂蚁的个数；L_{μ} 表示第 μ 只较优蚂蚁的路径长度。

排序策略不仅增加了最优路径上的信息素增量，还增加了次优路径上的信息素增量。相对于精英蚂蚁算法，排序策略提高了后续蚂蚁解的多样性，即后续蚂蚁在路径转移中的指导不仅仅来自于全局最优蚂蚁，还有历次迭代中前几只较优的蚂蚁。排序策略保留了精英策略让当前最优的蚂蚁指导后续蚂蚁解的构造过程，但更进一步地考虑了每代蚂蚁中较优个体的智能行为，并且考虑了优化程度不同蚂蚁之间的差别，即给予不同的权重。排序策略通过选择多个较优个体的方法来减少精英策略或者是全局优化策略带来的潜在缺陷。

所谓探索（exploitation），是指算法中后续蚂蚁集中在先前较优蚂蚁所走的路径上，偏向于局部搜索。探索就是利用前期较优蚂蚁的经验。

所谓开发（exploration），是指算法中后续蚂蚁倾向于选择那些还没有走过的路径（称为强开发），或者是倾向于选择那些已经走过但并不是最优的路径（称为弱开发，弱开发主要与探索相对，主要是指不强调最优路径的作用），偏向于一种全局搜索。开发就是不利用先前蚂蚁的经验（弱开发），甚至主动不用先前蚂蚁的经验（强开发）。

精英策略就是一种探索的方法，通过增加最优路径上的信息素量，使后续蚂蚁更加倾向于选择这条最优路径，选择这条最优路径相近的路径，以进一步探索这条路径。

排序策略也是一种探索策略，但是与精英策略略有不同，排序蚂蚁不仅增加了最优路径上的信息素，还增加了较优路径上的信息素。相对来说，排序策略比精英策略削减了当前最优路径上的绝对地位，也就削弱了探索能力。

相对于精英策略来说，排序策略主要是弱开发的作用，其开发能力还是有限的。

从精英和排序策略可知，可以通过增加最优路径和次优路径上的信息素，来调整算法的偏向性。也就是说，可以通过控制信息素，信息素的增量，来控制算法是更加注重开发还是探索。

6.3.6　蚁群算法与机器人路径规划

针对一些不同的 NP 难优化问题，本小节将全面讲述如何把蚁群优化算法应用到当前比较前沿的机器人路径规划技术。

路径规划是运动规划的主要研究内容之一。运动规划由路径规划和轨迹规划组成，连接起点位置和终点位置的序列点或曲线称为路径，构成路径的策略称为路径规划。

路径规划在很多领域都具有广泛的应用。在高新科技领域的应用有机器人的自主无碰行动，无人机的避障突防飞行，巡航导弹躲避雷达搜索、防反弹袭击、完成突防爆破任务等。在日常生活领域的应用有 GPS 导航、基于 GIS 系统的道路规划、城市道路网规划导航等。在决策管理领域的应用有物流管理中的车辆问题（VRP）及类似的资源管理资源配置问题。通信技术领域的路由问题等。凡是可拓扑为点线网络的规划问题基本上都可以采用路径规划的方法解决。

一般的连续域范围内路径规划问题，如机器人、飞行器等的动态路径规划问题，其一般步骤主要包括环境建模、路径搜索、路径平滑 3 个环节。

（1）环境建模。环境建模是路径规划的重要环节，目的是建立一个便于计算机进行路径规划所使用的环境模型，即将实际的物理空间抽象成算法能够处理的抽象空间，实现相互间的映射。

（2）路径搜索。路径搜索阶段是在环境模型的基础上应用相应算法寻找一条行走路径，使预定的性能函数获得最优值。

（3）路径平滑。通过相应算法搜索出的路径并不一定是一条运动体可以行走的可行路径，需要作进一步处理与平滑才能使其成为一条实际可行的路径。

对于离散域范围内的路径规划问题，或者在环境建模或路径搜索前已经做好路径可行性分析的问题，路径平滑环节可以省去。

根据对环境信息的把握程度可把路径规划划分为基于先验完全信息的全局路径规划和基于传感器信息的局部路径规划。其中，从获取障碍物信息是静态或是动态的角度看，全局路径规划属于静态规划（又称离线规划），局部路径规划属于动态规划（又称在线规划）。全局路径规划需要掌握所有的环境信息，根据环境地图的所有信息进行路径规划；局部路径规划只需要由传感器实时采集环境信息，了解环境地图信息，然后确定出所在地图的位置及其局部的障碍物分布情况，从而可以选出从当前节点到某一子目标节点的最优路径。

路径规划的方法有很多，根据其自身优缺点，其适用范围也各不相同。根据对各领域常用路径规划算法的研究，按照各种算法发现先后时序及算法基本原理，将算法大致分为 4 类：传统算法、图形学的方法、智能仿生学算法和其他算法。常用的智能仿生学算法有蚁群算法、神经网络算法、粒子群算法、遗传算法等。

下面详细介绍蚁群算法在机器人路径规划中的运用。

1	2	3	4	5
6	7	8	9	10
11	12	13	14	15
16	17	18	19	20
21	22	23	24	25

图 6－8　栅格图的标号索引

本章主要利用占据栅格来表示环境空间，并且将环境空间限制在二维。图 6－8 和图 6－9 所示为一种栅格图及其栅格中的标号以及障碍物设置情况。从左上角开始对栅格进行标号，采用 1 维标号索引，从左向右、从上往下依次增加，和日常书写习惯相同。

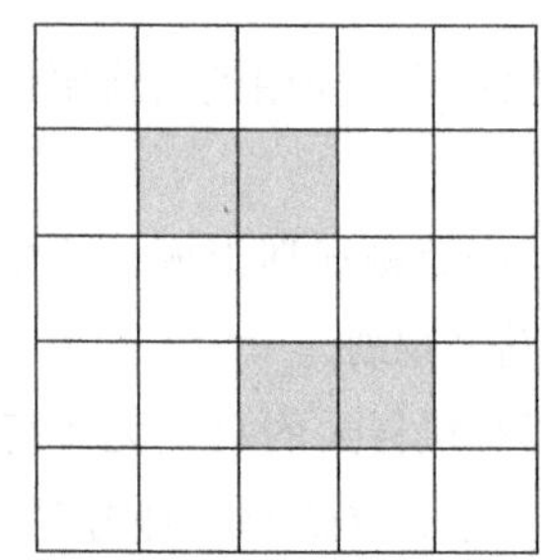

图 6－9　栅格图的障碍物表

内容为 1 的表示栅格内是障碍物，并用黑色标出；内容为 0 的表示栅格内为空，是自由栅格。结合图 6－8 和图 6－9，图中标号为 7、8、18、19 的栅格内是有障碍物的，其他栅格为自由栅格。

机器人被抽象为一个质点，以栅格为单位移动。机器人每次移动有 8 个方向，如图 6－10 所示。其中，灰色栅格表示当前机器人所在的栅格，箭头表示机器人可以前进的方向，因为有 8 个前进的方向，这类方式被称为八邻域法，区别于四邻域法。在八邻域法中，如果某个相邻栅格是障碍物，则机器人不能驶向该栅格。

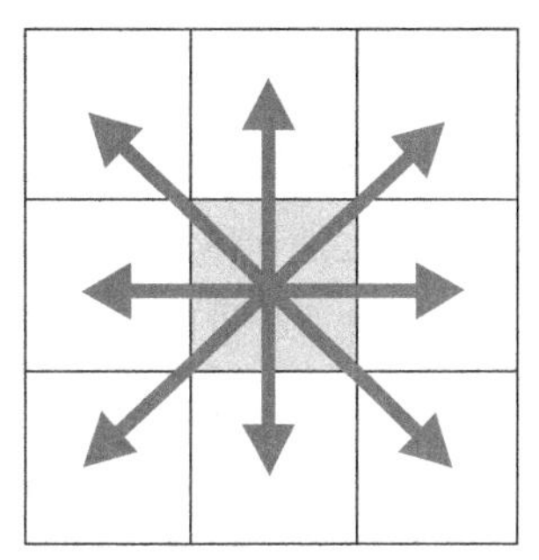
图 6-10　栅格的八邻域

对于一条有效的从起点到终点的路径，可以用一组栅格标号来表示，如 [1，6，11，17，22] 表示一条从标号为 1 的起始栅格开始经过 6、11、16、17 栅格最后到达终止栅格 22。

为了存储两个点之间的信息素和启发式信息，在 TSP 问题中矩阵大小为 $n\times n$（其中，n 为问题规模，路径规划中即为栅格总数）。这种存储方式有利于索引和查找，以提高运算速度，尤其是启发式可以设置为静态消息。但是当栅格数目增加之后，尤其是当栅格数目达到几万甚至几十万时，这时对内存的要求较高，本章设计了一个内存较小且不影响运算速度的邻接矩阵，矩阵大小为 $n\times 8$（n 为栅格数量）。因为每个栅格只有八邻域，因此这个矩阵完全可以存储信息，矩阵的行数代表栅格标号，列数代表八个前进的方向，从第一列到第八列分别表示当前栅格到其左上、上、右上、左、右、左下、下、右下的 8 个方向的前进情况。再建立一个静态的栅格下标索引表即可完成同样的功能，又能够减少算法空间复杂度。同样的，可以建立信息素的存储矩阵。

相对于解决 TSP 问题，蚁群优化算法用在机器人路径规划中不仅需要考虑蚁群算法的共有问题（如信息素的更新、下一节点的选择、信息素的限制、参数的自适应），还需要考虑蚁群算法用于机器人路径规划所产生的特殊问题（启发式问题、死点问题）。

首先，需要考虑如何构造启发式。启发式的作用在于使算法能够在较短时间内找到可接受的解，进而提高算法的收敛速度。重点需要考虑的是启发式的效果，如果蚂蚁在当前节点选择下一节点时，下一候选节点的启发式信息如果差别不大的时候，启发式提高收敛速度的作用就不明显，甚至几乎不存在，这时第一次迭代就类似于随机选择（前提是信息素设置相等）。

除了启发式的效果，还必须注意到启发式对多样性的影响，主要是对信息素的积累产生的影响。对于蚁群优化算法（不论是哪个具体的算法）来说，信息素都只会在蚂蚁走过的路径上积累。这样启发式会使算法前期找到那些启发信息较好的路径，因而启发式信息会导致启发式信息较大的路径上在前期增加，如果启发式和信息素都比较大时，算法极有可能陷入局部最优。可以认为启发式会对信息素的积累产生重要作用，如果启发式设置不当，会造成算法在前期就陷入局部最优解。

TSP 问题中，以当前点到可选节点间距离为指标进行贪婪启发，但在机器人路径规划中这种方法通常会失效。方向启发通常使用下一节点到终点的距离为启发，但这种方法无法适应大规模栅格路径规划，因为启发式信息差别较小。故很多研究学者针对该问题，进行启发式的创新。有人将 TSP 问题中的启发式乘以候选节点到终点的距离倒数，在一定程度上提高了蚂蚁的方向性，也稍微改善了算法避开障碍物的可能性，但是不利于算法在大规模栅格路径规划中的应用；有人考虑到启发式对算法初期多样性的影响，设置了一个距离阈值，在蚂蚁路径超过这个阈值时再使用启发式，这样可以使算法跳出初始障碍物的影响。但是，需要注意到这样的做法使蚂蚁前期（起点附近）无法快速找到较好解，此外，如果 U 形障碍物出现在终点附近时，仍然较大可能地陷入局部最优解；有人提出基于候选节点距离终点的距离之差来设置启发式，但是增加了 3 个不确定参数。而且在另一方面，虽然算法提高了启发式的差别，进而提高了收敛速度，但无法有效规避 U 形障碍物；有人提出一种距离改变的启发式因子，这为算法启发式的设置提供了一种新的思路，从另一个方面考虑了贪婪的设置，但实际上这也是一种方向启发，这种方法没有提供跳出 U 形障碍物的可能性，值得注意的是他提供了一种双种群的方法来跳出凹形障碍物。

总的来说，针对移动机器人路径规划问题，启发式信息是重要的组成部分。启发式可以提高算法收敛速度，但也会导致算法陷入局部最优，尤其是凹形障碍物中（见图 6－11)。另外，设计较好的启发式算子以及启发式算子发挥作用的时间，有助于平衡算法的收敛速度和多样性。

除了启发式的效果，还必须注意到启发式对多样性的影响，主要是对信息素的积累产生的影响。对于蚁群优化算法（不论是哪个具体的算法）来说，信息素都只会在蚂蚁走过的路径上积累。这样启发式会使算法前期找到那些启发信息较好的路径，因此，会导致某些路径上在前期增加，如果启发式和信息素都比较大时，算法极有可能陷入局部最优。可以认为启发式会对信息素的积累产生重要作用，如果启发式设置不当，会造成算法在前期就陷入局部最优解。

在 TSP 问题中，ACS 第一次利用局部搜索技术来进一步优化蚂蚁构造的解。局部优化技术构造解的方式与蚂蚁系统算法（AS）不同，两者结合有利于提高算法的收敛速度，也有助于提高算法的多样性。而且在 TSP 中，局部搜索技术的存在可以减小算法对启发式的依赖，但是，局部搜索技术需要构成一个完整的回路，这个条件在机器人路径规划问题中并不满足，因为机器人通常是从起点到终点的单向路径；另外，路径规划中一条更优路径的栅格与当前最优可能不同，需要产生新的路径栅格并删除旧的路径栅格，局部搜索无法做到这一点。

由于启发式的存在以及蚁群算法本身的正反馈导致的缺陷，利用其他算法或者技术来进一步优化蚁群算法得到的路径，可以弥补这些缺陷。有人利用遗传算法的交叉算子将不同蚂蚁构造的路径上节点经过交叉产生新的路径，以提高算法的多样性，有人将障碍物附近的蚂蚁所规划路径进行处理，在障碍物附近找到一个中间点，再连接两个障碍物附近的点，依次提高路径的优化程度，提高算法的精度，有人对蚂蚁所产生的路径进行一定的修正处理，将一条路径与其他路径相比较，以产生更优的路径；有人设计了一个局部路径优化检测方法，为了减小启发式带来的影响，在原有路径的基础上，随机找一个新的起点，终点为起点后的第 5 个节点，根据新产生的节点和终点进行新的路径规划，这可以产生新的启发式信息，有利于跳出先前算法产生的局部最优解。

然而，在实际环境中，障碍物信息并不能实现预知，静态的设置起点和终点并不能很好的跳出局部最优解。有人提出一种动态随机起点和终点的双蚁群算法，这样可以随机改变启发式信息以适应不同的障碍物环境。

总的来说，在 TSP 问题中，可以借助局部搜索方法来提高算法的多样性，在路径规划问题中，也可以借助路径后处理技术来提高算法的多样性，提高算法的收敛精度。

图 6－12 所示为 ACS 和 AS 算法在障碍物环境下的路径规划对比图。

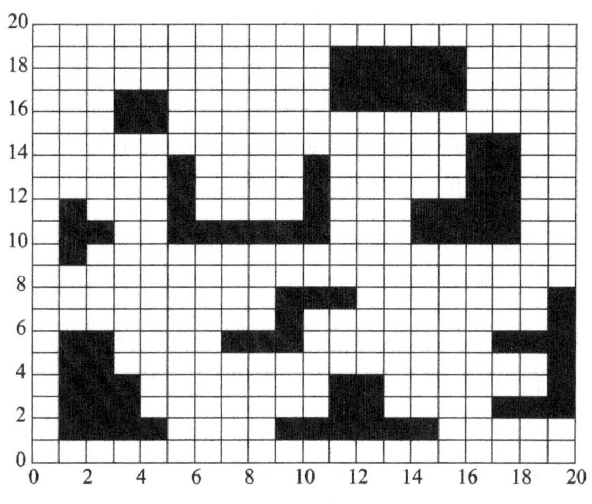

图 6-11　小型综合障碍物栅格地图

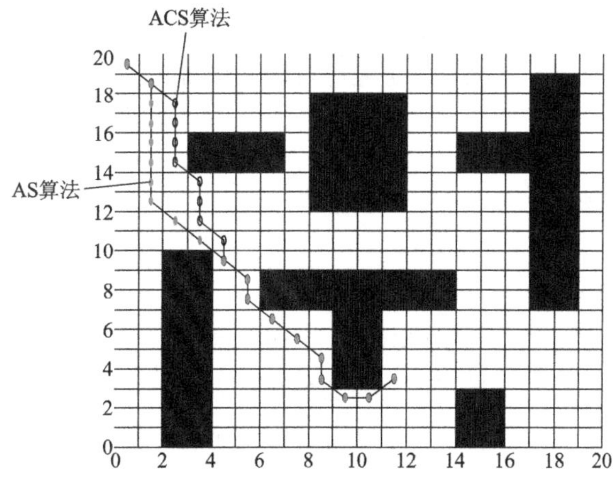

图 6-12　在不同规格地图下的路径规划

6.4　人工鱼群算法

20 世纪 90 年代以来，群智能（swarm intelligence，SI）的研究引起了众多学者的极大关注，出现了蚁群优化、粒子群优化等一些著名的群智能方法。

集群是生物界中常见的一种现象，如昆虫、鸟类、鱼类、微生物乃至人类等。生物的这种特性是在漫长的进化过程中逐渐形成的，对其生存和进化有着重要的影响，同时这些方式也为人类解决问题的思路带来不少启发和鼓舞。因此，近年来有不少科学家对生物的行为进行了广泛研究，并逐渐形成了一种基于生物行为的人工智能模式。这种基于生物行为的人工智能模式与经典人工智能模式是不同的，它不是采取自上而下的设计方法，而是采取自下而上的设计方法：首先设计单个实体的感知、行为机制，然后将一个或一群实体放置于环境中，让它们在与环境的交互作用中解决问题。它是内嵌的（situatedness）、物化的（embodiment）、自治的（autonomous）、突现的（emergence）。

一个集群通常定义为一群自治体的集合，它们利用相互间直接或者间接通信，从而通过全体的活动来解决一些分布式难题。在这里，自治体是指在一个环境中具备自身活动能力的一个实体，其自身力求简单，通常不必具有高级智能。但是，它们的集群活动所表现出来的则是一种高级智能才能达到的活动，这种活动可称为集群智能。

动物自治体通常指自主机器人或动物模拟实体，它主要是用来展示动物在复杂多变的环境里能够自主产生自适应的智能行为的一种方式。自治体的行为受到环境的影响，同时每一个自治体又是环境的构成要素。环境的下一个状态是当前状态和自治体活动的函数，自治体的下一个刺激是环境的当前状态和其自身活动的函数，自治体的合理架构就是能在环境的刺激下做出最好的应激活动。

将动物自治体的概念引入鱼群优化算法中，采用自下而上的设计思路，应用基于行为的人工智能方法，形成了一种新的解决问题的模式，因为是从分析鱼类活动出发的，所以称为鱼群模式。该模式用于寻优中，形成了人工鱼群算法。

在一片水城中，鱼生存数目最多的地方一般就是该水域中富含营养物质最多的地方，依据这一特点来模仿鱼群的觅食、聚群、追尾等行为，从而实现全局寻优，这就是人工鱼群算法的基本思想。

6.4.1 人工鱼群算法概述

1. 人工鱼的结构模型

人工鱼（artificial fish，AF）是真实鱼的一个虚拟实体，用来进行问题的分析和说明。人工鱼的结构模型和行为描述可借助于面向对象的分析方法，可以认为人工鱼就是一个封装了自身行为数据和一系列行为的实体，可以通过感官来接收环境的刺激信息，并通过控制尾鳍来做出相应的应激活动。

人工鱼所在的环境主要是问题的解空间和其他人工鱼的状态，它在下一时刻的行为取决于目前自身的状态和目前的环境态（包括问题当前解的优劣和其他同伴的状态），并且它还通过自身活动来影响环境，进而影响其他同伴的活动。人工鱼对外界的感知是靠视觉来实现的。生物的视觉是极其复杂的，为了实施的简单和有效，在人工鱼的模型中应用如下方法实现虚拟人工鱼的视觉。

如图 6－13 所示，一条虚拟人工鱼当前状态为 X，Visual 为其视野范围，状态 X_v 为其某时刻视点所在的位置，若该位置的状态优于当前状态，则考虑向该位置方向前进一步，即到达状态 X_{next}；若状态 X_v 不比当前状态更优，则继续巡视视野内的其他位置。巡视的次数越多，对视野的状态了解得越全面，从而对周围的环境有一个全方位立体的认知，这有助于做出相应的判断和决策。当然，对于状态多或状态无限的环境也不必全部遍历，允许人工鱼具有一定的不确定性的局部寻优，从而对寻找全局最优是有帮助的。

其中，状态 $X=(x_1,x_2,\cdots,x_n)$，状态 $X_v=(x_{1v},x_{2v},\cdots,x_{nv})$，则该过程可以表示如下：

$$X_v=X+\text{Visual}\cdot\text{Rand}() \quad (6-40)$$

$$X_{next}=X+\frac{X_v-X}{\|X_v-X\|}\cdot \text{Step}\cdot \text{Rand}() \tag{6-41}$$

式中，Rand() 函数为产生 0～1 之间的随机数；Step 为移动步长。

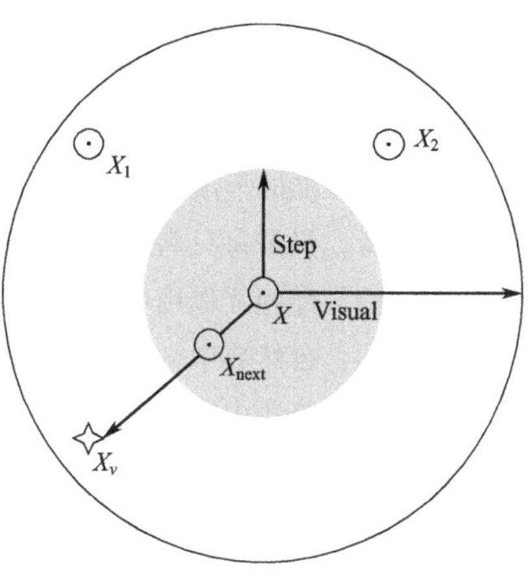

图 6－13　人工鱼视觉概念

由于环境中同伴的数目是有限的，因此在视野中感知同伴（如图 6－13 中的 X_1、X_2等）的状态，并相应地调整自身状态，方法与上式类似。

通过模拟鱼类的 4 种行为——觅食行为、聚群行为、追尾行为和随机行为，使鱼类在周围的环境活动。这些行为在不同的条件下会相互转换。鱼类通过对行为的评价，选择一种当前最优的行为进行执行，以到达食物浓度更高的位置，这是与鱼类生存有着密切联系的。

算法采用面向对象的技术重构人工鱼的模型，将人工鱼封装成变量和函数两部分。

变量部分包括人工鱼的总数 N，人工鱼个体的状态 $X=(x_1,x_2,\cdots,x_n)$，其中 $x_i(i=1,2,\cdots,n)$为欲寻优的变量，人工鱼移动的最大步长 Step，人工鱼的视野 Visual，尝试次数 Try_number，拥挤度因子 δ，人工鱼个体 i、j 之间的距离 $d_{ij}=|X_i-X_j|$。

函数部分包括人工鱼当前所在位置的食物浓度 $Y=f(X)$（Y 为目标函数值）、人工鱼的各种行为函数包括觅食行为 Prey()、聚群行为 Swarm()、追尾行为 Follow()、随机行为 Move() 以及行为评价函数 Evaluate()。通过这种封装，人工鱼的状态可以被其他同伴所感知。

2. 人工鱼的 4 种基本行为算法描述

鱼类不具备人类所具有的复杂逻辑推理能力和综合判断能力等高级智能，它们的目的是通过个体的简单行为或通过群体的简单行为而达到或突现出来的。这里，对人工鱼定义了 4 种基本行为。

（1）觅食行为。

这是人工鱼的一种基本行为，也就是趋向食物的一种活动，一般可以认为它是通过视觉或味觉来感知水中的食物量或浓度进而来选择趋向的，因此前面讲到的视觉概念可以应用于该行为。

行为描述：设人工鱼 i 当前状态为 X_i，在其感知范围内随机选择一个状态 X_j

$$X_j=X_i+\text{Visual}\cdot \text{Rand}() \tag{6-42}$$

式中，Rand () 是一个介于 0～1 之间的随机数，如果在求极大值问题中，$Y_i<Y_j$（或求极小值为 $Y_i>Y_j$，因为极大值与极小值问题可以互相转换，以下均以求极大值问题进行讨论），则向该方向前进一步。

$$X_i^{t+1}=X_i^t+\frac{X_j-X_i^t}{\|X_j-X_i^t\|}\cdot \text{Step}\cdot \text{Rand}() \tag{6-43}$$

反之，再重新随机选择状态 X_j，判断是否满足前进条件，反复尝试 Try _ number 次后，若仍不满足前进条件，则随机移动一步。

$$X_i^{t+1}=X_i^t+\text{Visual}\cdot\text{Rand}() \tag{6-44}$$

（2）聚群行为。

鱼在游动过程中会自然地聚集成群，这也是为了保证群体的生存和躲避危害而形成的一种生活习性。鱼群的形成也是一种突现的生动示例，一般认为鸟类和鱼类集群的形成并不需要一个领头者，只需每只鸟或每条鱼遵循一些局部的相互作用规则，然后集群现象作为整体模式从个体的局部相互作用中突现出来。

行为描述：自然界中，鱼在游动过程中为保证群体的生存和躲避危害，会自然地聚集成群。在人工鱼群算法中对每条人工鱼做如下规定：一是尽量向邻近伙伴的中心移动；二是避免过分拥挤。

设人工鱼当前状态为 X_i，探索当前邻域内（$d_{ij}<\text{Visual}$）的伙伴数目 n_f 及中心位置 X_c。若 $Y_c/n_f>\delta Y_i$，表明伙伴中心有较多食物且不太拥挤，则朝伙伴的中心位置方向前进一步。

$$X_i^{t+1}=X_i^t+\frac{X_c-X_i^t}{\|X_c-X_i^t\|}\cdot\text{Step}\cdot\text{Rand}() \tag{6-45}$$

否则执行觅食行为。

（3）追尾行为。

鱼群在游动过程中，当其中一条鱼或几条鱼发现食物时，其邻近的伙伴会尾随其快速到达食物点。

行为描述：追尾行为是一种向邻近的有着最高适应度的人工鱼追逐的行为，在寻优算法中可以理解为是向附近的最优伙伴前进的过程。设人工鱼 i 当前状态为 X_i，探索当前邻域内（$d_{ij}<\text{Visual}$）的伙伴中 Y_j 为最大值的伙伴 X_j。若 $Y_j/n_f>\delta Y_i$，表明伙伴 X_j 的状态具有较高的食物浓度并且其周围不太拥挤，则朝 X_j 的方向前进一步。

$$X_i^{t+1}=X_i^t+\frac{X_j-X_i^t}{\|X_j-X_i^t\|}\cdot\text{Step}\cdot\text{Rand}() \tag{6-46}$$

否则执行觅食行为。

（4）随机行为。

行为描述：随机行为的描述比较简单，就是在视野中随机选择一个状态，然后向该方向移动，其实它是觅食行为的一个缺省行为。

这 4 种行为在不同的条件下会相互转换，鱼类通过对行为的评价选择一种当前最优的行为进行执行。以到达食物浓度更高的位置，这是鱼类生存习惯。

对行为的评价是用来反映鱼自主行为的一种方式。在解决优化问题中，可以选用两种简单的评价方式：一种是选择最优行为进行执行，也就是在当前状态下，哪一种行为向最优的方向前进最大，就选择哪一行为；另一种是选择较优方向前进，也就是任选一种行为，只要能向优的方向前进即可。

3. 人工鱼群算法的寻优原理

通过以上人工鱼的行为描述可知，在人工鱼群算法中，觅食行为奠定了算法收敛的基础，聚群行为增强了算法收敛的稳定性，追尾行为则增强了算法收敛的快速性和全局性，行为分析为算法收敛的速度和稳定性提供了保障。

人工鱼群算法寻优过程中，人工鱼可能会集结在几个局部极值域的周围。使人工鱼逃出局部极值域，实现全局寻优的因素主要有以下几点：

（1）觅食行为中重试次数较少时，为人工鱼提供了随机游动的机会，从而能跳出局部极值的邻域。

（2）移动步长使得人工鱼在前往局部极值的途中，有可能转而游向全局极值。

（3）算法中拥挤度因子限制了聚群的规模，只有较优的地方才能聚集更多的人工鱼，使得人工鱼能够更广泛地寻优。

（4）聚群行为能够促使少数陷于局部极值的人工鱼向多数趋向全局极值的人工鱼方向聚集，从而跳出局部极值。

（5）追尾行为加快了人工鱼向更优状态游动，同时也能促使陷于局部极值的人工鱼向处于更优的全局极值的人工鱼方向追随并跳出局部极值。

每条人工鱼根据它当前所处的环境情况（包括目标函数的变化情况和伙伴的变化情况）进行行为选择进而执行一种行为，最终人工鱼集结在几个局部极值的周围，一般情况下适应度值高的人工鱼处在较优的局部极值的周围，这有助于获取全局极值。

人工鱼群算法是集群智能思想的一个具体应用，它不需要了解问题的特殊信息，只需要对问题进行优劣比较，并且有着较快的收敛速度。每条人工鱼探索它当前所处的环境状况（包括目标函数的变化情况和伙伴的变化情况），从而选择一种行为，最终人工鱼集结在几个局部极值的周围。一般情况下，在讨论求极大值问题时，拥有较大的食物浓度值的人工鱼一般处于值较大的极值域周围，这有助于判断并获取全局极值。

根据所要解决问题的性质，对人工鱼所处的环境进行评价，从而选择一种行为。对于求解极大值的问题，可以使用试探比较法，就是人工鱼模拟执行聚群、追尾、觅食等行为，然后对行动后的值进行评价，选择其中的最优行为来执行。

鱼群算法对初始条件要求不高，算法的终止条件可以根据实际情况设定，如通常的方法是判断连续多次所得值的均方差小于允许的误差，或判断聚集于某个区域的人工鱼的数目达到某个比率，或限制迭代次数等。为了记录最优人工鱼的状态，算法中引入一个公告牌。人工鱼在寻优过程中，每次迭代完成后就对自身的状态与公告牌的状态进行比较，如果自身状态优于公告牌状态，就将自身状态写入并更新公告牌，这样公告牌就记录下了历史最优的状态。最终公告牌记录的值就是系统的最优值，其状态就是系统的最优解。

（1）公告牌。公告牌用来记录最优人工鱼个体状态及该人工鱼位置的食物浓度值。各人工鱼在寻优过程中，每次行动完毕就检验自身状态与公告牌的状态，若自身状态优于公告牌状态，则将公告牌的状态改写为自身状态，这样就使公告牌记录下历史最优状态。

（2）行为评价。对行为的评价是用来反映鱼自主行为的一种方式，在解决优化问题时，可以选用简单的评价方式，也就是在当前状态下，哪一种行为向最优方向前进最大，就选这一行为。根据所要解决问题的性质，对人工鱼当前所处的环境进行评价，从而选择一种行为。对于求解极大值的问题，最简单的评估方法可以使用试探法，即模拟执行聚群、追尾等行为，然后评价行动后的值，选择最优行为来实际执行，缺省的行为方式为觅食行为。

（3）迭代终止条件。算法的终止条件可以根据问题的性质或要求而定，如通常的方法是判断连续多次所得值的均方差小于允许的误差，或判断聚集于某个区域的人工鱼的数目达到某个比率，或连续多次所获取的值均不超过已寻找的极值，或限制最大迭代次数等。若满足终止条件，则输出公告牌的最优记录；否则继续迭代。

人工鱼群算法的步骤如下：

(1) 首先进行初始化设置，包括人工鱼群的个体数 N、每条人工鱼的初始位置、人工鱼移动的最大步长 Step、人工鱼的视野 Visual、重试次数 Try_ number 和拥挤度因子 δ。

(2) 计算每条人工鱼的适应度值，并记录全局最优的人工鱼的状态。

(3) 对每条人工鱼进行评价，对其要执行的行为进行选择，包括觅食行为、聚群行为、追尾行为和随机行为。

(4) 执行人工鱼选择的行为，更新每条人工鱼的位置信息。

(5) 更新全局最优人工鱼的状态。

(6) 若满足循环结束的条件，则输出结果，否则跳转到步骤 (2)。

6.4.2 人工鱼群算法研究与应用

人工鱼群算法是解决 TSP 的有效方法之一。其基本原理是：在一片水域中，生存数目最多的地方一般就是本水域中营养最丰富的地方，依据这一特点模拟鱼类的觅食行为从而实现全局寻优。

求解 TSP 的人工鱼群算法模型可描述如下：

(1) 解空间：解空间 S 是遍访每个城市恰好一次的所有路径，解可以表示为 $\{w_1,w_2,\cdots,w_n\}$，$w_1,w_2\cdots,w_n$ 是关于 $1,2,\cdots,n$ 的一个排列，表明从 w_1 城市出发，依次经过 w_2，…，w_n 城市，再返回 w_1 城市。

(2) 目标函数：此时的目标函数即为访问所有城市的路径总长度或称为代价函数，故要求的最优路径为目标函数为最小值时对应的路径。

(3) 新路径的产生：将 k 和 m 对应的两个城市在路径序列中交换位置，不妨假设 $k<m$，则将原路径 $\{w_1,w_2,\cdots,w_k,w_{k+1},\cdots,w_m,w_{m+1},\cdots,w_n\}$ 变为新路径 $\{w_1,w_2,\cdots,w_m,w_{k+1},\cdots,w_k,w_{m+1},\cdots,w_n\}$。

(4) 编码方法：所用的编码方法是以遍历城市的次序排列进行编码。例如，码串 12345678 表示从城市 1 开始，依次经过城市 2、3、4、5、6、7、8，最后返回城市 1 的遍历路径，这是一种针对 TSP 的最自然的编码方式。

(5) 距离的表示：在 TSP 中，两个决策变量 $A=\{a_1,a_2,\cdots,a_n\}$ 和 $B=\{b_1,b_2,\cdots,b_n\}$ 之间的距离表示如下：

$$\text{Distance}(A,B)=\sum_{i=1}^{n}\text{sgn}(|a_i-b_i|) \tag{6-47}$$

式中

$$\text{sgn}(x)=\begin{cases}0, & \text{当 } x=0\\ 1, & \text{当 } x>0\\ -1, & \text{当 } x<0\end{cases} \tag{6-48}$$

那么它们的 k 距离领域可以表示为

$$N(X,k)=\{X'|\text{Distance}(X',X)<k,X'\in D\} \tag{6-49}$$

式中，$X_1,X_2,\cdots,X_m$ 的中心为 $\text{Center}(X_1,X_2,\cdots,X_m)=\underset{i=1,\cdots,m}{\text{Most}}(x_i^1,x_i^2,\cdots,x_i^m)$，其中 Most 操作符表示取其中多数共有或最相近的值。

根据上述描述，利用人工鱼群算法求解 TSP 的流程如图 6－14 所示。

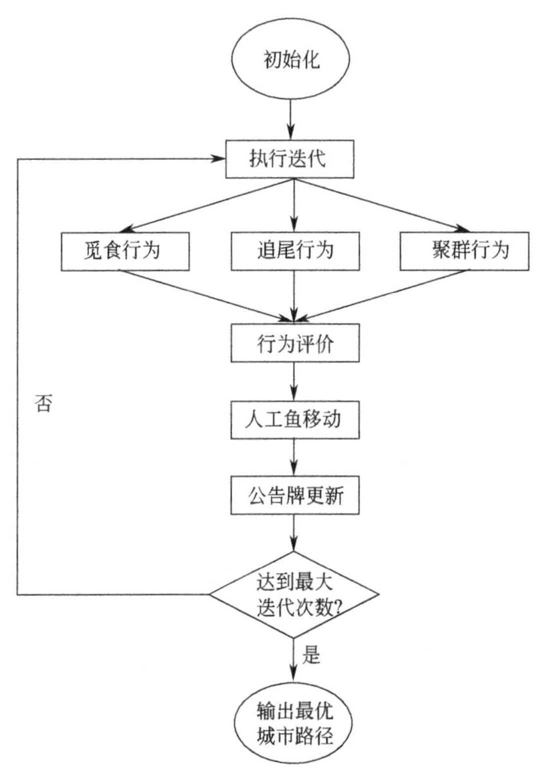

图 6－14　人工鱼群算法的流程

利用人工鱼群算法求解 TSP 时，计算步骤如下：

（1）输入原始数据，获取城市数与各个城市的具体坐标位置，进而得到城市的距离矩阵，获取人工鱼群的群体规模 Total、最大迭代次数 IT、人工鱼的视野 Visual、人工鱼的最大移动步长 Step、拥挤度因子 δ 等参数。

（2）当前迭代次数 Passed_ times=0，生成 Total 个人工鱼个体，形成初始鱼群。

（3）各人工鱼分别模拟执行觅食行为、追尾行为和聚群行为；选择最优行为执行，缺省行为方式为觅食行为。

（4）各人工鱼每行动一次后，检验自身状态与公告牌状态，若自身状态优于公告牌状态，则以自身状态取代公告牌状态。

（5）中止条件判断。判断 Passed_times 是否已达到预置的最大迭代次数 Iterate _ times，若是，则输出计算结果（公告牌的值），否则 Passed_times= Passed_times+1，转步骤（3）。

程序对 14 个城市的 TSP（城市坐标见表 6－2）进行计算，算法的参数为 Total=10、Visual=13、IT=50、Try_number=500、δ=0.8，最优解是 30.87，实际寻优的最优解是 30.87，运行时间为 10 s。最后得到的最优解为：

1->2->14->3->4->5->6->12->7->13->8->11->9->10->1

表 6-2　14 个城市坐标

节点	1	2	3	4	5	6	7
X	16.47	16.47	20.09	22.39	25.23	22.00	20.47
Y	96.10	94.44	92.54	93.37	97.24	96.05	97.02
节点	8	9	10	11	12	13	14
X	17.20	16.30	14.05	16.53	21.52	19.41	20.09
Y	96.29	97.38	98.12	97.38	95.59	97.13	94.55

求解得到的最优路径图如图 6-15 所示。

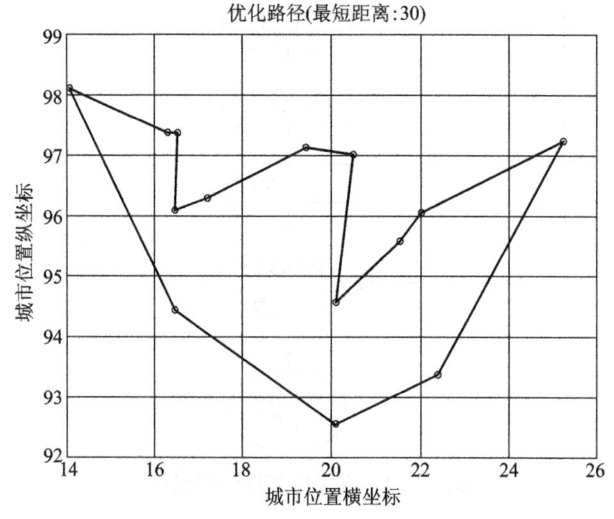

图 6-15　人工鱼群算法优化路径图

通过运用人工鱼群算法解决 TSP，可以得出以下结论：

(1) 人工鱼群算法具有较快的收敛速度，可以在较短的时间内收敛到可行解，可以用于解决有实时性要求的问题。对于上面的 14 个城市的 TSP，人工鱼群算法的收敛时间仅为 20 s 左右，只需要大约 15 次迭代即可收敛到最优解。对于一些精度要求不高的场合，可以用它快速得到一个可行解。

(2) 不需要问题的严格机理模型，甚至不需要问题的精确描述，只需要对问题进行优劣的比较，这使得它的应用范围得以延伸。传统的优化算法可以解决一些比较简单的优化问题，但优化一些非线性的复杂问题尤其是 NP 难问题时，往往优化时间会很长，而且经常不能优化到最优解，甚至无法知道所得解同最优解的近似程度，应用人工鱼群算法可以迅速求得满意解。

(3) 人工鱼群算法对寻优函数无特殊要求，既可以对连续型的函数寻优，又可以对离散型的函数寻优。对初值也无特殊要求，初值设置为固定值或随机值都可以，参数的设置也没有特殊的要求。总之，算法的适应性较强，应用领域较广。上面的 14 个城市的 TSP 中各个参数均可在较大范围内变动，最后均能收敛到满意解。

(4) 在上面的 14 个城市 TSP 中只执行觅食行为即可收敛到最优解，觅食行为奠定了人工鱼群算法收敛的基础，而聚群行为增强了算法收敛的稳定性，追尾行为则增强了算法收敛的快速性和全局性，其行为评价也对算法收敛的速度和稳定性提供了保障。

(5) 人工鱼群算法虽然具有很多优良的特性，但它本身也存在一些问题，如随着人工鱼数目的增多，将会需要更多的存储空间，也会造成计算量的增长和计算时间的增长；当寻优的区域较大或处于变化平坦的区域时，收敛到全局最优解的速度变慢，搜索效率劣化；算法一般在优化初期具有较快的收敛性，而后期却往往收敛变慢。

总之，人工鱼群算法从具体的实施算法到总体的设计理念，都不同于传统的设计和解决方法，通过一些改进和完善，鱼群算法将有着更良好的应用前景。

小　结

智能优化算法一般是受人类智能、生物群体社会性或自然现象规律的启发而提出的，在解决优化问题上具有独特的优势。本章智能优化算法包括：(1) 遗传算法：模仿自然界生物进化机制；(2) 粒子群算法：模拟鸟群群体行为；(3) 蚁群算法：模拟蚂蚁集体寻径行为；(4) 鱼群算法：模拟鱼群运动行为。本章介绍智能优化算法及其应用，系统地讲授智能优化算法的有关理论、技术及其主要应用，全面地介绍智能优化算法研究的前沿领域与最新进展。通过本章节的学习，使学生能够深刻理解智能优化算法的基本概念、基本理论和学科内涵，了解智能优化算法在最优化问题、TSP 问题和路径规划中的典型应用。

思考与练习

1. 什么是遗传算法的生物学基础？遗传算法基本思想是什么？简述遗传算法的基本操作。
2. 粒子群算法的起源是什么？粒子群算法基本思想是什么？简述粒子群算法的基本操作。
3. 蚁群算法的起源是什么？蚁群算法基本原理是什么？简述蚁群算法的基本操作。
4. 鱼群算法的起源是什么？鱼群算法基本原理是什么？简述鱼群算法的基本操作。

参 考 文 献

[1] 鲍军鹏，张选平．人工智能导论［M］．北京：机械工业出版社，2011.

[2] 史忠植，王文杰．人工智能［M］．北京：国防工业出版社，2007.

[3] MINSKY M L，PAPERT S．Perceptron［M］．Cambridge：MIT Press，1969.

[4] HAYKIN S．神经网络原理［M］．叶世伟，史忠植，译．北京：机械工业出版社，2004.

[5] 高哲．基于 ERP 的应收应付智能化处理研究［D］．天津：天津工业大学，2010.

[6] 周永进．BP 网络的改进及其应用［D］．南京：南京信息工程大学，2007.

[7] RICH E，KNIGHT K．Artificial intelligence［M］．New York：McGraw-Hill，1996.

[8] Doyle J．A truth maintenance system［J］．Artificial Intelligence，1979，12（3）：231-72.

[9] 蔡自兴，徐光祐．人工智能及其应用［M］．北京：清华大学出版社，2010.

[10] NEWELL A，SIMON H A．Computer science as empirical inquiry：symbol and search［J］．Communications of the Association for Computing Machinery，1976，19（3）：113-126.

[11] BROOKS R A．Intelligent without representation［J］．Artificial Intelligence，1991，47：139-159.

[12] BROOKS R A．Intelligence without reasoning［R］．Proceedings of IJCAI'91，Sydney，1991.

[13] 周志华．机器学习［M］．北京：清华大学出版社，2016.

[14] HECHT-NIELSEN R．Kolmogorov's mapping neural network existence theorem［J］．International Joint Conference of Neural Networks，1987，3：11-14.

[15] 索沃．知识表示（英文版）［M］．北京：机械工业出版社，2003.

[16] 王朝瑞．图论［M］．2 版．北京：北京理工大学出版社，1987.

[17] MAIA M R D H，PLASTINO A，PENNA P H V．MineReduce：an approach based on data mining for problem size reduction［J］．Computers and Operations Research，2020，122.

[18] 王国俊，钱桂生，党创寅．命题演算系统 L～＊与谓词演算系统 κ～＊中统一的近似推理理论［J］．中国科学 E 辑：信息科学，2004，34(010)：1110-1122.

[19] 刘东立，唐泓英．汉语分析的语义网络表示法［J］．中文信息学报，1992，4：1-10.

[20] 孙佳铭．基于语义网络的数据化室内设计应用策略研究［D］．长春：吉林建筑大学，2019.

[21] 王俊，高炜．基于多元语义网络的民族信息资源库构建研究［J］．苏州科技大学学报（自然科学版），2018，35（3）：74-78.

[22] 蔡自兴，刘丽珏，蔡竟峰，等．人工智能及其应用［M］．北京：清华大学出版社，2016.

[23] 王宏生．人工智能及其应用［M］．北京：国防工业出版社，2006.

[24] 金聪，戴上平，郭京蕾，等．人工智能教程［M］．北京：清华大学出版社，2007.

[25] 余有明，刘玉树，阎光伟. 遗传算法的编码理论与应用 [J]. 计算机工程与应用，2006 (3)：90-93.

[26] 周涛. 基于改进遗传算法的 TSP 问题研究 [J]. 微电子学与计算机，2006，23 (10)：104-106，110.

[27] YU Y Y，CHEN Y，LI T Y. Improved genetic algorithm for solving TSP [J]. Control & Decision，2014，29 (8)：1483-1488.

[28] ZHOU T. TSP problem solution based on improved genetic algorithm[C] // International Conference on Natural Computation. IEEE Computer Society，2008.

[29] 段晓东，王存睿，刘向东. 粒子群算法及其应用 [M]. 沈阳：辽宁大学出版社，2007.

[30] 张利彪，周春光，刘小华，等. 粒子群算法在求解优化问题中的应用 [J]. 吉林大学学报（信息科学版），2005，23 (4)：385-389.

[31] 王芳，邱玉辉. 一种引入单纯形法算子的新颖粒子群算法 [J]. 信息与控制，2005，34 (5)：517-522.

[32] 刘飞. 粒子群算法及其在布局优化中的应用 [D]. 武汉：华中科技大学，2003.

[33] 张长胜，孙吉贵，欧阳丹彤. 一种自适应离散粒子群算法及其应用研究 [J]. 电子学报，2009，37 (2)：299-304.

[34] 夏学文，刘经南，高柯夫，等. 具备反向学习和局部学习能力的粒子群算法 [J]. 计算机学报，2015 (7).

[35] 于颖，李永生，於孝春. 粒子群算法在工程优化设计中的应用 [J]. 机械工程学报，2008，044 (12)：226-231.

[36] DRIGO M. The ant system：optimization by a colony of cooperating agents [J]. IEEE Transactions on Systems，Man，and Cybernetics-Part B，1996，26 (1)：1-13.

[37] DORIGO M，GAMBARDELLA L M. Ant colony system：a cooperative learning approach to the traveling salesman problem [J]. IEEE Trans on Ec，1997，1 (1)：53-66.

[38] STÜTZLE T，HOOS H H. MAX - MIN ant system [J]. Future generation computer systems，2000，16 (8)：889-914.

[39] BAGHERI M，GOLBRAIKH A. Rank-based ant system method for non-linear QSPR analysis：QSPR studies of the solubility parameter [J]. Sar & Qsar in Environmental Research，2012，23 (1/2)：59-86.

[40] 王云飞. 基于蚁群算法的武警巡逻路径优化问题研究 [D]. 长沙：国防科技大学，2014.

[41] 易晟. 平面机器人路径规划研究 [D]. 长沙：中南大学，2002.

[42] 许健，许峰. 基于迭代局部搜索的路径规划蚁群算法 [J]. 软件导刊，2018，17 (8)：31-34.

[43] 白建龙，陈瀚宁，胡亚宝，等. 基于负反馈机制的蚁群算法及其在机器人路径规划中

的应用［J］. 计算机集成制造系统，2019（7）：1-15.

［44］ 朱艳，游晓明，刘升，等. 基于改进蚁群算法的机器人路径规划问题研究［J］. 计算机工程与应用，2018，54（19）：129-134.

［45］ 刘军，刘广瑞. 基于蚁群算法路径规划的收敛性分析［J］. 机械设计与制造，2010（8）：164-165.

［46］ 樊晓平，罗熊，易晟，等. 复杂环境下基于蚁群优化算法的机器人路径规划［J］. 控制与决策，2004（2）：166-170.

［47］ 史恩秀，陈敏敏，李俊，等. 基于蚁群算法的移动机器人全局路径规划方法研究［J］. 农业机械学报，2014（6）：53-57.

［48］ 魏欣，马良，张惠珍. 基于遗传变异特性的异类多种群蚁群优化算法研究［J］. 科技与管理，2018，20（1）：58-62.

［49］ 刘俊，徐平平，武贵路，等. 室内环境下基于最优路径规划的 PSO-ACO 融合算法［J］. 计算机科学，2018，45（S2）：97-100.

［50］ 周祖坤. 人工势场与蚁群算法结合下的移动机器人路径规划研究及其仿真［J］. 中国锰业，2018，36（3）：182-187.

［51］ 李晓磊，邵之江，钱积新. 一种基于动物自治体的寻优模式：鱼群算法［J］. 系统工程理论与实践，2002，22（11）：32-38.

［52］ YANG Y. Multiuser detector based on adaptive artificial fish school algorithm［J］. Journal of Electronics & Information Technology，2007（1）.

［53］ 朱命昊，库向阳. 求解旅行商问题的改进人工鱼群算法［J］. 计算机应用研究，2010，27（10）：3734-3736.